重庆市饲用植物名录

（莎草科、菊科等）

主　编

曾　兵
范　彦
尹权为
黄琳凯

重庆市现代农业产业技术体系（草食牲畜）创新团队建设项目
重庆市林业局科技兴林科学研究类项目
“重庆市石漠化草地生态保护与修复技术研究”（渝林科研YD2024-5）
国家级一流本科课程“饲料作物生产学”建设项目

西南大学出版社
国家一级出版社　全国百佳图书出版单位

图书在版编目(CIP)数据

重庆市饲用植物名录.莎草科、菊科等 / 曾兵等主编. -- 重庆 : 西南大学出版社, 2024. 6. -- ISBN 978-7-5697-2412-7

Ⅰ. S54-62

中国国家版本馆CIP数据核字第2024A97E38号

重庆市饲用植物名录(莎草科、菊科等)

CHONGQING SHI SIYONG ZHIWU MINGLU(SUOCAOKE,JUKE DENG)

曾　兵　范　彦　尹权为　黄琳凯　主编

责任编辑: 郑祖艺
责任校对: 朱春玲
特约编辑: 蒋云琪
封面设计: 散点设计
照　　排: 陈智慧
出版发行: 西南大学出版社(原西南师范大学出版社)
网　址:http://www.xdcbs.com
地　址:重庆市北碚区天生路2号
邮　编:400715
电　话:023-68868624
经　　销: 新华书店
印　　刷: 重庆市圣立印刷有限公司
成品尺寸: 185 mm × 260 mm
印　　张: 11.5
插　　页: 6
字　　数: 337千字
版　　次: 2024年6月 第1版
印　　次: 2024年6月 第1次印刷
书　　号: ISBN 978-7-5697-2412-7

定　　价: 45.00元

编 委 会

主　编：曾　兵（西南大学）
范　彦（重庆市畜牧科学院）
尹权为（重庆市畜牧技术推广总站）
黄琳凯（四川农业大学）

副主编：吴佳海（贵州省农业科学院）
何　玮（重庆市畜牧科学院）
张璐璐（重庆市畜牧技术推广总站）
周　凯（云南农业大学）
周　恺（重庆市林业规划设计院）

参　编：徐远东　吴　梅　温晨晓　牟　琼　任　健
次　旦　王胤晨　罗　登　单贵莲　冉启凡
黎光杨　石海桥　袁　扬　陈　静　董勤刚
李　娟　刘卢生　周　洁　孙万斌　刘　进
卞京军　周宪章　刘宗均　张　彬　吴　平
胡永慧　刘增加

目录

莎草科 Cyperaceae

十字薹草

【种　　名】十字薹草

【科　　名】莎草科

【属　　名】薹草属

【学　　名】*Carex cruciata* Wahlenb.

【别　　名】烟火薹

【生 活 型】多年生草本

【分　　布】浙江、江西、福建、台湾、湖北、湖南、广东、广西、海南、四川、贵州、云南、西藏等地。

【生　　境】生长于海拔330~2 500 m的林边或沟边草地、路旁、火烧迹地。

【饲用价值】茎叶可饲用。

【其他用途】可药用，具有解表透疹、理气健脾之功效，用于治疗风热感冒、麻疹透发不畅、消化不良。

褐果薹草

【种　　名】褐果薹草

【科　　名】莎草科

【属　　名】薹草属

【学　　名】*Carex brunnea* Thunb.

【别　　名】栗褐薹草

【生 活 型】多年生草本

【分　　布】江苏、浙江、福建、台湾、广东、广西、安徽、湖南、湖北、四川、云南、陕西等地。日本、朝鲜、越南、印度、菲律宾、澳大利亚、尼泊尔等地。

【生　　境】生长于海拔250~1 800 m的山坡、山谷的疏密林下或灌木丛中，河边、路边的阴处或水边的阳处。

【饲用价值】茎叶可饲用。

【其他用途】未知。

亨氏薹草

【种　　名】亨氏薹草
【科　　名】莎草科
【属　　名】薹草属
【学　　名】*Carex henryi* C. B. Clarke
【别　　名】无
【生 活 型】多年生草本
【分　　布】浙江、安徽、湖北、陕西、贵州、四川、云南等地。
【生　　境】生长于海拔500~3 000 m的沟边、溪边、水稻田边、山坡路旁或林下湿处。
【饲用价值】茎叶可饲用。
【其他用途】未知。

粉被薹草

【种　　名】粉被薹草
【科　　名】莎草科
【属　　名】薹草属
【学　　名】*Carex pruinosa* Boott
【别　　名】无
【生 活 型】多年生草本
【分　　布】山东、江苏、安徽、浙江、江西、福建、河南、湖南、广东、广西、四川、贵州、云南等地。印度、印度尼西亚等地。
【生　　境】生长于海拔50~2 500 m的山谷、溪旁潮湿处、草地。
【饲用价值】茎叶可饲用。
【其他用途】未知。

亲族薹草

【种　　名】亲族薹草
【科　　名】莎草科
【属　　名】薹草属
【学　　名】*Carex gentilis* Franch.
【别　　名】无

【生 活 型】多年生草本

【分　　布】重庆、四川、云南、江西、陕西、贵州、西藏、台湾等地。

【生　　境】生长于海拔1 300~1 950 m的林下、沟边、河边。

【饲用价值】茎叶可饲用。

【其他用途】未知。

柄果薹草

【种　　名】柄果薹草

【科　　名】莎草科

【属　　名】薹草属

【学　　名】*Carex stipitinux* C. B. Clarke ex Franch.

【别　　名】柄果束草、柄果苔草、褐绿苔草、褐绿薹草、褐缘苔草、褐缘薹草、细梗苔草

【生 活 型】多年生草本

【分　　布】广西、江西、浙江、安徽、湖北、湖南、贵州、四川、陕西、甘肃等地。

【生　　境】生长于海拔180~1 500 m的山坡、山谷的疏密林下或灌木丛中或路旁阴处。

【饲用价值】茎叶可饲用。

【其他用途】未知。

近蕨薹草

【种　　名】近蕨薹草

【科　　名】莎草科

【属　　名】薹草属

【学　　名】*Carex subfilicinoides* Kük.

【别　　名】无

【生 活 型】多年生草本

【分　　布】湖北、四川、云南等地。

【生　　境】生长于海拔1 200~2 900 m的常绿阔叶林林缘、山坡阴处、路旁草丛中或田埂上。

【饲用价值】茎叶可饲用，家畜爱食。

【其他用途】未知。

宝兴薹草

【种　　名】宝兴薹草

【科　　名】莎草科

【属　　名】薹草属

【学　　名】*Carex moupinensis* Franch.

【别　　名】无

【生 活 型】多年生草本

【分　　布】湖北、贵州、四川、云南等地。

【生　　境】生长于海拔1 000~1 300 m的山坡阴处、路旁、沟边。

【饲用价值】叶量大，茎叶可饲用。

【其他用途】未知。

广东薹草

【种　　名】广东薹草

【科　　名】莎草科

【属　　名】薹草属

【学　　名】*Carex adrienii* E. G. Camus

【别　　名】无

【生 活 型】多年生草本

【分　　布】福建、湖南、广东、广西、四川、云南等地。

【生　　境】生长于海拔500~1 200 m的常绿阔叶林林下、水旁或阴湿地。

【饲用价值】茎枝光滑无毛，叶片宽大翠绿，其营养价值高，适口性较好，消化率较高，适合畜禽食用。

【其他用途】未知。

葱状薹草

【种　　名】葱状薹草

【科　　名】莎草科

【属　　名】薹草属

【学　　名】*Carex alliiformis* C. B. Clarke

【别　　名】葱状苔草、韭叶苔草、宜昌苔草、韭状苔草、林下苔

【生 活 型】多年生草本

【分　　布】台湾、湖北、湖南、四川、贵州等地。日本、越南等地。

【生　　境】生长于林下、林缘或山坡空旷处。

【饲用价值】叶宽大嫩绿，叶量丰富，生长茂盛，适口性良好，家畜喜食。

【其他用途】未知。

浆果薹草

【种　　名】浆果薹草

【科　　名】莎草科

【属　　名】薹草属

【学　　名】*Carex baccans* Nees

【别　　名】红稗子、浆果

【生 活 型】多年生草本

【分　　布】福建、台湾、广东、广西、海南、四川、贵州、云南等地。马来西亚、越南、尼泊尔、印度等地。

【生　　境】生长于海拔200~2 700 m的林边、河边及村边。

【饲用价值】茎叶可饲用。

【其他用途】有药用价值，用于治疗月经不调、崩漏、鼻衄、消化道出血、狂犬咬伤等症；果实甘、微辛，微寒，透疹止咳，补中利水，用于治疗麻疹、水痘、顿咳、水肿、脱肛等。

青绿薹草

【种　　名】青绿薹草

【科　　名】莎草科

【属　　名】薹草属

【学　　名】*Carex breviculmis* R. Br.

【别　　名】青菅、青管、等穗薹草、青绿苔草、小囊苔草、等穗苔草、短秆苔草、青苔草

【生 活 型】多年生草本

【分　　布】黑龙江、吉林、辽宁、河北、山西、陕西、甘肃、山东、江苏、安徽、浙江、江西、福建、台湾、河南、湖北、湖南、广东、四川、贵州、云南等地。俄罗斯、朝鲜、日本、印度、缅甸等地。

【生　　境】生长于海拔470~2 300 m的山坡草地、路边、山谷沟边。

【饲用价值】茎叶可饲用。

【其他用途】有观赏价值，可用于打造永久性常绿或夏绿草坪。

中华薹草

【种　　名】中华薹草

【科　　名】莎草科

【属　　名】薹草属

【学　　名】*Carex chinensis* Retz.

【别　　名】华苔草、中华苔草、茅叶苔草、十字苔草

【生 活 型】多年生草本

【分　　布】陕西、浙江、江西、福建、湖南、广东、四川、贵州等地。

【生　　境】生长于海拔200~1 700 m的山谷阴处、溪边岩石上和草丛中。

【饲用价值】适口性好，蛋白质含量及消化率都较高，是山羊在夏季和冬季喜欢采食的牧草（常在抽穗之前放牧，或将其调制成干草）。

【其他用途】未知。

二形鳞薹草

【种　　名】二形鳞薹草

【科　　名】莎草科

【属　　名】薹草属

【学　　名】*Carex dimorpholepis* Steud.

【别　　名】垂穗薹草、垂穗苔草、二型鳞苔草、垂穗苔、垂穗薹

【生 活 型】多年生草本

【分　　布】辽宁、陕西、甘肃、山东、江苏、安徽、浙江、江西、河南、湖北、广东、四川等地。斯里兰卡、印度、缅甸、尼泊尔、越南、朝鲜、日本等地。

【生　　境】生长于海拔200~1 300 m的沟边潮湿处及路边、草地等。

【饲用价值】茎叶可饲用。

【其他用途】茎叶可作造纸原料。

城口薹草

【种　　名】城口薹草

【科　　名】莎草科

【属　　名】薹草属

【学　　名】*Carex luctuosa* Franch.

【别　　名】城口苔草、城口苔
【生 活 型】多年生草本
【分　　布】陕西、甘肃、四川、重庆等地。
【生　　境】生长于海拔1 200~2 600 m的山坡水边或湿地，也见于路边草地。
【饲用价值】茎叶可饲用。
【其他用途】可用于城市园林绿化等。

南川薹草

【种　　名】南川薹草
【科　　名】莎草科
【属　　名】薹草属
【学　　名】*Carex nanchuanensis* Chü ex S. Y. Liang
【别　　名】无
【生 活 型】多年生草本
【分　　布】四川、重庆等地。
【生　　境】生长于海拔2 000 m左右的泥泞、酸质草地上。
【饲用价值】茎叶可饲用。
【其他用途】未知。

宜昌薹草

【种　　名】宜昌薹草
【科　　名】莎草科
【属　　名】薹草属
【学　　名】*Carex ascotreta* C. B. Clarke ex Franch.
【别　　名】无
【生 活 型】多年生草本
【分　　布】陕西、浙江、台湾、湖北、湖南、四川、贵州等。朝鲜、日本等地。
【生　　境】生长于海拔125~1 100 m的低山林下、潮湿处及路边。
【饲用价值】茎叶可饲用。
【其他用途】可用于生态绿化、水体净化、盐碱地净化。

亚澳薹草

【种　　名】亚澳薹草

【科　　名】莎草科

【属　　名】薹草属

【学　　名】*Carex brownii* Tuckerm.

【别　　名】亚大薹草、白郎台、海洋苔草、海洋薹草、三方草、亚澳苔草、亚大苔草、白郎苔、白郎薹、布朗苔、大苔草

【生 活 型】多年生草本

【分　　布】山西、河南、甘肃、安徽、江苏、浙江、江西、四川、台湾等地。澳大利亚、朝鲜、新西兰、印度尼西亚、日本等地。

【生　　境】生长于海拔400~1 680 m的沟边、林下、洼地湿处。

【饲用价值】茎叶可饲用。

【其他用途】作为地被植物，可用于水体净化、盐碱地净化。具有药用价值，根入药，可理气止痛、祛风除湿。

无喙囊薹草

【种　　名】无喙囊薹草

【科　　名】莎草科

【属　　名】薹草属

【学　　名】*Carex davidii* Franch.

【别　　名】长芒薹草、长芒苔草、无喙囊苔草、长芒苔

【生 活 型】多年生草本

【分　　布】陕西、甘肃、安徽、浙江、湖北、四川等地。

【生　　境】生长于海拔460~1 200 m的山坡草地、林缘。

【饲用价值】茎叶可饲用。

【其他用途】作为地被植物，具有水土保持作用，可用于水体净化、盐碱地净化。

签草

【种　　名】签草

【科　　名】莎草科

【属　　名】薹草属

【学　　名】*Carex doniana* Spreng.

【别　　名】芒尖薹草、芒尖苔草、尼泊尔苔草、大穗日本苔、董氏苔、尖芒薹草、芒尖苔、签草芒尖苔草、三楞草、莶草

【生 活 型】多年生草本

【分　　布】陕西、江苏、浙江、福建、台湾、湖北、广东、广西、四川、云南等地。日本、朝鲜、菲律宾、印度尼西亚、尼泊尔等地。

【生　　境】生长于海拔500~3 000 m的溪边、沟边、林下、灌木丛和草丛潮湿处。

【饲用价值】茎叶可饲用，可放牧利用。

【其他用途】作为地被植物，可用于水体净化、盐碱地净化。也可药用。

川东薹草

【种　　名】川东薹草

【科　　名】莎草科

【属　　名】薹草属

【学　　名】*Carex fargesii* Franch.

【别　　名】亮鞘薹草、川东苔草、亮鞘苔草、亮鞘苔

【生 活 型】多年生草本

【分　　布】湖北、湖南、四川、贵州、重庆等地。

【生　　境】生长于海拔900~2 250 m的阴处、河沟边。

【饲用价值】茎叶可饲用，可放牧利用。

【其他用途】可药用。作为地被植物，可用于水体净化、盐碱地净化。

蕨状薹草

【种　　名】蕨状薹草

【科　　名】莎草科

【属　　名】薹草属

【学　　名】*Carex filicina* Nees

【别　　名】蕨叶苔草、蕨叶薹草、蕨状苔草、长鳞苔草、长鳞薹草、红鞘苔

【生 活 型】多年生草本

【分　　布】浙江、江西、福建、台湾、湖北、湖南、广东、广西、海南、四川、贵州、云南、西藏等地。印度、尼泊尔、斯里兰卡、缅甸、越南、马来西亚、印度尼西亚、菲律宾等地。

【生　　境】生长于海拔1 200~2 800 m的林间或林边湿润草地。

【饲用价值】茎叶可饲用，可放牧利用。

【其他用途】可药用。作为地被植物，可用于水体净化、盐碱地净化。

宽叶亲族薹草

【种　　名】宽叶亲族薹草

【科　　名】莎草科

【属　　名】薹草属

【学　　名】*Carex gentilis* var. *intermedia* Tang & F. T. Wang ex Y. C. Yang

【别　　名】宽叶亲族苔草、中间苔草、中间薹草

【生 活 型】多年生草本

【分　　布】四川、云南、贵州、陕西等地。

【生　　境】生长于海拔1 300~1 950 m的山坡上、沟边和岩石缝中。

【饲用价值】为中上等牧草，适口性良好，为羊喜食之草，可放牧利用。

【其他用途】具有园林用途，可用作乔木下及低温处的地被植物。

大果亲族薹草

【种　　名】大果亲族薹草

【科　　名】莎草科

【属　　名】薹草属

【学　　名】*Carex gentilis* var. *macrocarpa* Tang & F. T. Wang ex L. K. Dai

【别　　名】大果亲族苔草

【生 活 型】多年生草本

【分　　布】四川、重庆等地。

【生　　境】生长于海拔1 300~1 800 m的山坡、沟边、岩石缝中或草丛中。

【饲用价值】为羊喜食之草，可放牧利用。

【其他用途】未知。

穹隆薹草

【种　　名】穹隆薹草

【科　　名】莎草科

【属　　名】薹草属

【学　　名】*Carex gibba* Wahlenb.

【别　　名】基膨苔、基膨薹、穹隆苔草、穹蘼薹草、穹窿苔草、弯隆苔草、侧肿苔、空隆苔草、隆凸苔草、穹降苔草、穹隆台草、穹隆苔、穹窿苔、穹窿薹草

【生 活 型】 多年生草本

【分　　布】 辽宁、山西、陕西、甘肃、江苏、安徽、浙江、江西、福建、河南、湖北、湖南、广东、广西、四川、贵州等地。朝鲜、日本等地。

【生　　境】 生长于海拔240~1 290 m的山谷湿地、山坡草地或林下。

【饲用价值】 常作为草甸，适口性好。山羊喜食，可放牧利用。

【其他用途】 未知。

长囊薹草

【种　　名】 长囊薹草

【科　　名】 莎草科

【属　　名】 薹草属

【学　　名】 *Carex harlandii* Boott

【别　　名】 长囊苔草、香港苔草、异果苔草

【生 活 型】 多年生草本

【分　　布】 浙江、江西、福建、湖北、广东、广西等地。

【生　　境】 生长于林下、灌木丛中、溪边湿地或岩石上，以及山坡草地。

【饲用价值】 茎叶可饲用，可放牧利用。

【其他用途】 未知。

大舌薹草

【种　　名】 大舌薹草

【科　　名】 莎草科

【属　　名】 薹草属

【学　　名】 *Carex grandiligulata* Kük.

【别　　名】 大舌苔草

【生 活 型】 多年生草本

【分　　布】 陕西、湖北、四川等地。

【生　　境】 生长于海拔1 600~1 800 m的疏林下或岩石上。

【饲用价值】 茎叶可饲用，可放牧利用。

【其他用途】 未知。

长安薹草

【种　　名】长安薹草
【科　　名】莎草科
【属　　名】薹草属
【学　　名】*Carex heudesii* H. Lév. & Vaniot
【别　　名】无
【生 活 型】多年生草本
【分　　布】陕西、甘肃、四川等地。
【生　　境】生长于海拔1 100~2 000 m的林下石隙处和湿地上。
【饲用价值】茎叶可饲用。
【其他用途】未知。

狭穗薹草

【种　　名】狭穗薹草
【科　　名】莎草科
【属　　名】薹草属
【学　　名】*Carex ischnostachya* Steud.
【别　　名】细长穗苔草、狭穗苔草、珠穗菅、珠穗苔草、珠穗薹草、球穗苔草
【生 活 型】多年生草本
【分　　布】江苏、浙江、福建、江西、广东、广西、湖南、贵州和四川等地。日本、朝鲜等地。
【生　　境】生长于山坡路旁的草丛中或水边。
【饲用价值】茎叶可饲用。
【其他用途】茎叶可作造纸原料。可用于园林绿化。

日本薹草

【种　　名】日本薹草
【科　　名】莎草科
【属　　名】薹草属
【学　　名】*Carex japonica* Thunb.
【别　　名】日本苔、铁苔草、软苔草、软薹草
【生 活 型】多年生草本
【分　　布】辽宁、内蒙古、河北、山西、陕西、江苏、河南、湖北、四川、云南等地。朝鲜、日本

等地。

【生　　境】生长于海拔 1 200~2 000 m 的林下或林缘阴湿处、山谷沟旁湿地。

【饲用价值】茎叶可饲用。

【其他用途】可用于园林绿化;亦有药用价值,具有益气养血的功效。

金佛山薹草

【种　　名】金佛山薹草

【科　　名】莎草科

【属　　名】薹草属

【学　　名】*Carex jinfoshanensis* Tang & F. T. Wang ex S. Yun Liang

【别　　名】金佛山苔草

【生 活 型】多年生草本

【分　　布】四川、重庆等地。

【生　　境】生长于海拔 1 200 m 左右的阴处、沟边。

【饲用价值】茎叶可饲用。

【其他用途】未知。

大披针薹草

【种　　名】大披针薹草

【科　　名】莎草科

【属　　名】薹草属

【学　　名】*Carex lanceolata* Boott

【别　　名】披针苔草、长披针薹、大披针苔、大披针苔草、大披针薹、固堤草、牛毛草、披叶苔、披针薹草、披针叶苔草、披针叶薹草、人头草、顺玻溜、顺坡溜、凸脉苔草、凸脉薹草、凸豚苔草、无柄苔草、羊胡髭草、胡子草、羊毛胡子、阴地苔、大披针叶苔草、宽鳞苔草、披叶苔草、披叶薹、披针苔

【生 活 型】多年生草本

【分　　布】黑龙江、吉林、辽宁、内蒙古、河北、山西、陕西、甘肃、山东、江苏、安徽、浙江、江西、河南、四川、贵州、云南等地。蒙古国、朝鲜、日本、俄罗斯等地。

【生　　境】生长于海拔 110~2 300 m 的林下、林缘草地、阳坡干燥草地。

【饲用价值】嫩茎叶可作牲畜饲料。

【其他用途】茎叶可作造纸原料。可在园林绿化中发挥重要作用。

舌叶薹草

【种　　名】舌叶薹草

【科　　名】莎草科

【属　　名】薹草属

【学　　名】*Carex ligulata* Nees

【别　　名】具舌苔草、三方草、三轮草、舌苔草、舌叶苔草、舌状苔草、贝舌苔、具舌苔

【生 活 型】多年生草本

【分　　布】山西、陕西、江苏、浙江、福建、台湾、河南、湖北、湖南、四川、贵州、云南等地。日本、尼泊尔、印度和斯里兰卡等地。

【生　　境】生长于海拔600~2 000 m的山坡林下或草地、山谷沟边、河边湿地。

【饲用价值】茎叶可饲用。

【其他用途】未知。

长穗柄薹草

【种　　名】长穗柄薹草

【科　　名】莎草科

【属　　名】薹草属

【学　　名】*Carex longipes* D. Don ex Tilloch & Taylor

【别　　名】长柄苔草、长穗柄苔草、湖北苔草、亮囊苔草、长柄薹草、锈点苔草、锈点薹草

【生 活 型】多年生草本

【分　　布】湖北、四川、云南等地。尼泊尔、印度、印度尼西亚等地。

【生　　境】生长于海拔1 200~1 300 m的山坡草地、河床边。

【饲用价值】茎叶可饲用。

【其他用途】未知。

大雄薹草

【种　　名】大雄薹草

【科　　名】莎草科

【属　　名】薹草属

【学　　名】*Carex macrosandra*（Franch.）V. I. Krecz.

【别　　名】大雄苔草、隐秆苔草

【生 活 型】多年生草本

【分　　布】湖北、四川等地。

【生　　境】生长于海拔700~1 000 m的向阳山坡。

【饲用价值】茎叶可饲用。

【其他用途】可用作农村建筑原料。

鄂西薹草

【种　　名】鄂西薹草

【科　　名】莎草科

【属　　名】薹草属

【学　　名】*Carex manciformis* C. B. Clarke ex Franch.

【别　　名】鄂西苔草、华中苔草、乳突叶苔草

【生 活 型】多年生草本

【分　　布】湖北、贵州等地。

【生　　境】生长于海拔1 100 m左右的疏林下。

【饲用价值】茎叶可饲用。

【其他用途】作为观赏植物,可用于城市绿化,是有开发价值的草坪地被。

套鞘薹草

【种　　名】套鞘薹草

【科　　名】莎草科

【属　　名】薹草属

【学　　名】*Carex maubertiana* Boott

【别　　名】密叶薹草、毛囊苔草、密叶苔草、套鞘苔草、三角草、山马鞭草、铁郎伞、铁朗伞、岩三棱

【生 活 型】多年生草本

【分　　布】浙江、福建、湖北、四川、云南等地。越南、尼泊尔、印度等地。

【生　　境】生长于海拔400~1 000 m的山坡林下或路边阴湿处。

【饲用价值】茎叶可饲用。

【其他用途】具有药用价值。作为观赏植物,可用于城市绿化。

条穗薹草

【种　　名】条穗薹草

【科　　名】莎草科

【属　　名】薹草属

【学　　名】*Carex nemostachys* Steud.

【别　　名】垂穗苔草、丝穗苔草、条穗苔草、线穗苔草、线穗薹草、燕子苔草、毛囊果苔、条穗苔

【生 活 型】多年生草本

【分　　布】江苏、浙江、安徽、江西、湖北、湖南、贵州、云南、福建、广东等地。印度、孟加拉国、泰国、越南、柬埔寨和日本等地。

【生　　境】生长于海拔300~1 600 m的小溪旁、沼泽地和林下阴湿处。

【饲用价值】茎叶可饲用。

【其他用途】作为观赏植物，可用于城市绿化。作为抗旱性强的植物，可用于节水型园林建设。

云雾薹草

【种　　名】云雾薹草

【科　　名】莎草科

【属　　名】薹草属

【学　　名】*Carex nubigena* D. Don ex Tilloch & Taylor

【别　　名】无翅苔草、云雾苔草、聚生穗序苔、云海苔

【生 活 型】多年生草本

【分　　布】陕西、甘肃、四川、贵州、云南、西藏等地。

【生　　境】生长于海拔1 350~3 700 m的水边、林缘或山坡路旁。

【饲用价值】茎叶可饲用。

【其他用途】可药用，主解表透疹，治麻疹透发不畅。

褐红脉薹草

【种　　名】褐红脉薹草

【科　　名】莎草科

【属　　名】薹草属

【学　　名】*Carex nubigena* subsp. *albata*（Boott ex Franch. & Sav.）T. Koyama

【别　　名】褐红脉苔草
【生 活 型】多年生草本
【分　　布】湖北、重庆等地。
【生　　境】生长于海拔1 800 m左右的山坡草地。
【饲用价值】茎叶可饲用。
【其他用途】观赏性高,可用于园林绿化、改善生态。

镜子薹草

【种　　名】镜子薹草
【科　　名】莎草科
【属　　名】薹草属
【学　　名】*Carex phacota* Spreng
【别　　名】喙苞苔草、镜子苔草、七星斑囊果薹、有喙红苞苔草、有喙红苞薹、大三方草、镜子苔、镜子薹、七星斑囊果苔、三棱马尾、仙鹤草、野红稗、有喙红苞苔
【生 活 型】多年生草本
【分　　布】山东、江苏、安徽、浙江、江西、福建、台湾、湖南、广东、海南、广西、四川、贵州、云南等地。尼泊尔、印度、印度尼西亚、马来西亚、斯里兰卡和日本等地。
【生　　境】生长于沟边草丛中、水边和路旁潮湿处。
【饲用价值】茎叶可饲用。
【其他用途】可药用,味辛,性平,有解表透疹之功效。

黄绿薹草

【种　　名】黄绿薹草
【科　　名】莎草科
【属　　名】薹草属
【学　　名】*Carex psychrophila* Nees
【别　　名】黄绿苔草
【生 活 型】多年生草本
【分　　布】重庆等地。
【生　　境】生长于海拔3 200~3 700 m的山坡。
【饲用价值】茎叶可饲用。
【其他用途】可用作花坛、花境镶边的观叶植物。

长颈薹草

【种　　名】长颈薹草

【科　　名】莎草科

【属　　名】薹草属

【学　　名】*Carex rhynchophora* Franch.

【别　　名】长颈坚果苔、长颈坚果苔草、长颈坚果薹、长颈苔草、大穗苔草

【生 活 型】多年生草本

【分　　布】江苏、浙江、四川、贵州等地。

【生　　境】生长于海拔600~1 750 m的山坡、山谷石灰岩上。

【饲用价值】茎叶可饲用。

【其他用途】可用作园林绿化、改善生态。

高山穗序薹草

【种　　名】高山穗序薹草

【科　　名】莎草科

【属　　名】薹草属

【学　　名】*Carex rochebrunii* subsp. *remotispicula*（Hayata）T. Koyama

【别　　名】无

【生 活 型】多年生草本

【分　　布】陕西、甘肃、台湾、湖北、湖南、广西、四川、贵州等地。

【生　　境】生长于高海拔地区的潮湿处。

【饲用价值】茎叶可饲用。

【其他用途】可用作花坛、花境镶边的观叶植物，也可作盆栽以供观赏。

匍匐薹草

【种　　名】匍匐薹草

【科　　名】莎草科

【属　　名】薹草属

【学　　名】*Carex rochebrunii* subsp. *reptans*（Franch.）S. Y. Liang & Y. C. Tang

【别　　名】无

【生 活 型】多年生草本

【分　　布】陕西、甘肃、湖北、四川、云南等地。

【生　　境】生长于海拔1 680~3 700 m的草地潮湿处或沼泽处。

【饲用价值】茎叶可饲用。

【其他用途】可药用，主解表透疹，治麻疹透发不畅。

大理薹草

【种　　名】大理薹草

【科　　名】莎草科

【属　　名】薹草属

【学　　名】*Carex rubrobrunnea* var. *taliensis*（Franch.）Kük.

【别　　名】无

【生 活 型】多年生草本

【分　　布】陕西、甘肃、安徽、浙江、江西、湖北、广东、广西、四川、云南等地。

【生　　境】生长于海拔1 500~2 800 m的山谷沟边或石隙间、林下。

【饲用价值】茎叶可饲用。

【其他用途】未知。

硬果薹草

【种　　名】硬果薹草

【科　　名】莎草科

【属　　名】薹草属

【学　　名】*Carex sclerocarpa* Franch.

【别　　名】硬果苔草、褐基苔草、太平山苔、硬果苔

【生 活 型】多年生草本

【分　　布】四川、湖南、安徽等地。

【生　　境】生长于海拔900~1 700 m的林下。

【饲用价值】茎叶可饲用。

【其他用途】可药用，有清热利尿、健脾之功效。

仙台薹草

【种　　名】仙台薹草

【科　　名】莎草科

【属　　名】薹草属

【学　　名】*Carex sendaica* Franch.

【别　　名】锈鳞薹草、矮束草、三岩草、山岩草、仙台苔草、锈鳞苔草

【生 活 型】多年生草本

【分　　布】江苏、浙江、江西、湖北、贵州、四川、陕西等地。日本等地。

【生　　境】生长于海拔150~1 850 m的灌木丛中、草丛中、山坡阴处、山沟边或岩石缝中。

【饲用价值】茎叶可饲用。

【其他用途】未知。

刺毛薹草

【种　　名】刺毛薹草

【科　　名】莎草科

【属　　名】薹草属

【学　　名】*Carex setosa* Boott

【别　　名】粗根薹草、刺毛苔草、粗根苔草

【生 活 型】多年生草本

【分　　布】甘肃、青海、四川、贵州、云南、西藏等地。尼泊尔等地。

【生　　境】生长于海拔2 300~3 700 m的亚高山灌丛、草甸。

【饲用价值】茎叶可饲用。

【其他用途】观赏性高，可用于园林绿化、改善生态。可药用，有清热利尿、健脾之功效。

锈点刺毛薹草

【种　　名】锈点刺毛薹草

【科　　名】莎草科

【属　　名】薹草属

【学　　名】*Carex setosa* var. *punctata* S. Yun Liang

【别　　名】锈点薹草

【生 活 型】多年生草本

【分　　布】重庆、广西等地。
【生　　境】生长于海拔400~800 m的山坡、沟边灌丛中或林缘。
【饲用价值】茎叶可饲用。
【其他用途】可用于园林绿化、改善生态。

相仿薹草

【种　　名】相仿薹草
【科　　名】莎草科
【属　　名】薹草属
【学　　名】*Carex simulans* C. B. Clarke
【别　　名】密花相仿薹草
【生 活 型】多年生草本
【分　　布】浙江、湖北、四川等地。
【生　　境】生长于海拔700~2 050 m的山坡路旁、林下或溪边。
【饲用价值】茎叶可饲用。
【其他用途】未知。

华芒鳞薹草

【种　　名】华芒鳞薹草
【科　　名】莎草科
【属　　名】薹草属
【学　　名】*Carex sinoaristata* Tang & F. T. Wang ex L. K. Dai
【别　　名】无
【生 活 型】多年生草本
【分　　布】四川、重庆等地。
【生　　境】生长于阴湿处。
【饲用价值】茎叶可饲用。
【其他用途】可用于园林绿化、改善生态。

藏薹草

【种　　名】藏薹草

【科　　名】莎草科

【属　　名】薹草属

【学　　名】*Carex thibetica* Franch.

【别　　名】藏苔草、西藏苔草、西藏薹草

【生 活 型】多年生草本

【分　　布】陕西、浙江、河南、湖北、湖南、广西、四川、贵州、云南等地。

【生　　境】生长于海拔800~2 000 m的林下、山谷湿地或阴湿石隙中。

【饲用价值】叶片宽大,适口性好,牛、羊喜食。

【其他用途】未知。

高节薹草

【种　　名】高节薹草

【科　　名】莎草科

【属　　名】薹草属

【学　　名】*Carex thomsonii* Boott

【别　　名】块茎薹草、高节苔草、块茎苔草、根茎苔草

【生 活 型】多年生草本

【分　　布】广西、四川、贵州、云南等地。越南、缅甸、印度、尼泊尔、不丹等地。

【生　　境】生长于海拔200~1 700 m的河边沙地湿润处或山坡草地。

【饲用价值】是优质饲料。籽实收获后,秸秆仍保持绿色,可调制青贮,或作粗饲料利用。牛、马、羊、兔、鸭、鹅等喜食,幼嫩期是养猪、养鱼的好饲料。

【其他用途】可作造纸原料,可用于固土防沙。

三穗薹草

【种　　名】三穗薹草

【科　　名】莎草科

【属　　名】薹草属

【学　　名】*Carex tristachya* Thunb.

【别　　名】三穗苔草、三穗薹、三穗台草、三穗苔
【生 活 型】多年生草本
【分　　布】江苏、浙江、江西、安徽、湖北、福建等地。朝鲜、日本等地。
【生　　境】生长于海拔600 m左右的山坡路边、灌木下。
【饲用价值】叶片和籽实均可用作饲料，且营养价值较高。
【其他用途】可用于固土防沙。

截鳞薹草

【种　　名】截鳞薹草
【科　　名】莎草科
【属　　名】薹草属
【学　　名】*Carex truncatigluma* C. B. Clarke
【别　　名】截鳞苔草、截鳞苔、截鳞薹、截穗苔草、截状苔草、截状薹草
【生 活 型】多年生草本
【分　　布】安徽、浙江、江西、福建、台湾、湖南、广东、海南、广西、四川、贵州、云南等地。越南等地。
【生　　境】生长于海拔500~1 200 m的林中、山坡草地或溪旁。
【饲用价值】茎叶可饲用，适口性较好。
【其他用途】可用于固土防沙。

单性薹草

【种　　名】单性薹草
【科　　名】莎草科
【属　　名】薹草属
【学　　名】*Carex unisexualis* C. B. Clarke
【别　　名】单性苔草、翅囊苔草、单性苔、单性薹
【生 活 型】多年生草本
【分　　布】河南、陕西、江苏、安徽、浙江、江西、湖北、湖南、贵州、四川、云南等地。日本等地。
【生　　境】生长于湖边、池塘、沼泽地或杂草中。
【饲用价值】茎叶可饲用。
【其他用途】可用于防风固沙。

野生风车草

【种　　名】野生风车草

【科　　名】莎草科

【属　　名】莎草属

【学　　名】*Cyperus alternifolius* L.

【别　　名】伞莎草、互叶莎草、风车草、旱金莲、旱伞草、伞草、水棕竹

【生 活 型】多年生草本

【分　　布】中国各省份。非洲等地。

【生　　境】生长于海拔100~300 m的森林和草原地区的大湖、河流边缘的沼泽中。

【饲用价值】茎叶可饲用，叶量丰富，幼嫩期各种家畜可食。

【其他用途】可作观赏植物。有药用价值，除能作健胃药外，还可以治疗妇科各症。秆干后撕开可用于编织物品。

扁穗莎草

【种　　名】扁穗莎草

【科　　名】莎草科

【属　　名】莎草属

【学　　名】*Cyperus compressus* L.

【别　　名】硅子叶莎草、沙田草、莎田草、水虱草、砖子叶莎草、扁穗沙草、天打捶

【生 活 型】一年生草本

【分　　布】辽宁、河北、山东、河南、甘肃、江苏、安徽、浙江、台湾、福建、江西、湖北、湖南、广东、香港、海南、广西、贵州、四川、云南、西藏等地。印度、越南、日本等地。

【生　　境】生长于海拔50~1 600 m的山坡路旁、林下、灌木丛中、田边、海边、湖边等潮湿地。

【饲用价值】在春季、初夏，其草质柔嫩，牦牛和马喜食，绵羊采食；夏秋季节，马和牦牛仍采食。在天然草地中，其饲用价值是比较高的。

【其他用途】具有药用价值，可用于养心、调经行气，亦可外用于跌打损伤。

阿穆尔莎草

【种　　名】阿穆尔莎草

【科　　名】莎草科

【属　　名】莎草属

【学　　名】*Cyperus amuricus* Maxim.

【别　　名】黑水莎草、阿尔穆莎草、阿穆莎草、尖颖碎米莎草、阿穆尔草、东北莎草、多穗莎草

【生 活 型】多年生草本

【分　　布】辽宁、吉林、河北、山西、陕西、浙江、安徽、云南、四川等地。日本、朝鲜、俄罗斯等地。

【生　　境】生长于草坡、河边、河谷草甸、荒地、林缘开阔地草丛、路边、平地田中、山谷林缘草甸、山坡草甸、湿地、田边等处。

【饲用价值】茎叶可饲用。

【其他用途】可药用，有疏表解热、调经止痛的功效，可治风湿骨痛、瘫痪、麻疹等症。

碎米莎草

【种　　名】碎米莎草

【科　　名】莎草科

【属　　名】莎草属

【学　　名】*Cyperus iria* L.

【别　　名】三方草、三楞草、见骨草、荆三棱

【生 活 型】一年生草本

【分　　布】黑龙江、辽宁、吉林、河北、河南、山东、陕西、甘肃、新疆、江苏、浙江、安徽、江西、湖南、湖北、云南、四川、贵州、福建、广东、广西、台湾、西藏等地。俄罗斯、朝鲜、日本、越南、印度、伊朗、澳大利亚等地。

【生　　境】生长于山坡、路旁、旱地、稻田边、沟边、湿地等阴湿处。

【饲用价值】茎叶可饲用。幼嫩时可作为牲畜的饲料，是良好的牧草。

【其他用途】可药用，能疏肝理气、调经止痛等，可有效稳定情绪、止呕吐。有生物源农药的开发价值。

香附子

【种　　名】香附子

【科　　名】莎草科

【属　　名】莎草属

【学　　名】*Cyperus rotundus* L.

【别　　名】莎草、香头草、雷公头、草地罩草、草附子、地沟草、地赖根、地蒲草、地三草、吊马棕、姑娘草、旱三棱、回头青、九篷根、酒药芸香草、雷公头草、棱草根、钮子七、雀头香

【生 活 型】多年生草本

【分　　布】河北、山东、山西、陕西、甘肃、河南、江苏、浙江、江西、安徽、云南、贵州、四川、福建、广东、广西、台湾等地。

【生　　境】生长于荒地、路边、沟边、旱地、田间等。

【饲用价值】茎叶可饲用。幼嫩时可作为牲畜的饲料，是良好的牧草。

【其他用途】可用于提取芳香油，其残渣含淀粉，可酿酒。可药用，理气解郁，调经止痛，也可治疗牛的瘤胃积食和瘤胃胀气等症。

砖子苗

【种　　名】砖子苗

【科　　名】莎草科

【属　　名】莎草属

【学　　名】*Cyperus cyperoides*（L.）Kuntze

【别　　名】关子苗、大香附子、三角草、玛玛机机、滇西莎草

【生 活 型】一年生草本

【分　　布】江苏、安徽、浙江、江西、湖北、湖南、云南等地。日本、朝鲜、菲律宾、越南、缅甸、马来西亚、印度尼西亚、尼泊尔、印度等地。

【生　　境】生长于海拔200~3 200 m的山坡阳处、路旁、草地、溪边及松林下。

【饲用价值】幼嫩时可作为牲畜的饲料，结实后饲用价值降低。

【其他用途】全草入药，具有祛风解表、止咳化痰、解郁调经之功效，用于治疗风寒感冒、咳嗽痰多、皮肤瘙痒、月经不调等症。亦有防风固沙的作用。

异型莎草

【种　　名】异型莎草

【科　　名】莎草科

【属　　名】莎草属

【学　　名】*Cyperus difformis* L.

【别　　名】球穗碱草、球穗莎草、咸草、王母钗

【生 活 型】一年生草本

【生　　境】生长于水田、水沟边等潮湿处。

【分　　布】中国、俄罗斯、日本、朝鲜、印度等地。

【饲用价值】茎叶可饲用。味咸、微苦，性凉，无毒，口感较差，饲用价值较低。

【其他用途】可药用。

风车草

【种　　名】风车草

【科　　名】莎草科

【属　　名】莎草属

【学　　名】*Cyperus involucratus* Rottb.

【别　　名】伞草、旱伞草、台湾竹、轮伞莎草

【生 活 型】多年生草本

【分　　布】中国各省份。原产非洲。

【生　　境】生长于稻田或水边潮湿处，森林、草原地区的大湖、河流边缘的沼泽中。

【饲用价值】茎叶可饲用。根状茎短、粗大，须根坚硬，秆稍粗壮，口感差，饲用价值低。

【其他用途】可药用。亦可用于插花切叶，美化环境。

短叶茳芏

【种　　名】短叶茳芏

【科　　名】莎草科

【属　　名】莎草属

【学　　名】*Cyperus malaccensis* subsp. *monophyllus*（Vahl）T. Koyama

【别　　名】咸水草、三角草、莞草、咸草、单叶咸草

【生 活 型】多年生草本

【分　　布】江苏、浙江、福建、广东、广西、四川、海南、台湾等地。日本等地。

【生　　境】生长于河旁、沟边等近水处。

【饲用价值】茎叶可饲用。纤维含量高,饲用价值较低。

【其他用途】可药用。可作编织制品的原料。

旋鳞莎草

【种　　名】旋鳞莎草

【科　　名】莎草科

【属　　名】莎草属

【学　　名】*Cyperus michelianus* (L.) Link

【别　　名】白莎草、护心草、旋颖莎草、头穗藨草、小碎米莎草

【生 活 型】一年生草本

【分　　布】黑龙江、河北、河南、江苏、浙江、安徽、广东等地。日本、俄罗斯等地。

【生　　境】生长于水边潮湿空旷的地方,路旁亦可见到。

【饲用价值】茎叶可饲用。

【其他用途】可用于防风固沙、绿化环境。有药用价值,治妇女月经痛及月经愆期。其提取物莎草醇对组胺所致的豚鼠支气管痉挛有保护作用。

具芒碎米莎草

【种　　名】具芒碎米莎草

【科　　名】莎草科

【属　　名】莎草属

【学　　名】*Cyperus microiria* Steud.

【别　　名】黄颖莎草、黄鳞莎草、回头香、具芒莎草

【生 活 型】一年生草本

【分　　布】中国各省份。朝鲜、日本等地。

【生　　境】生长于河岸边、路旁或草原潮湿处。

【饲用价值】全草可饲用。

【其他用途】有药用价值,全草及种子可入药,味甘,性寒,有清热利尿、渗湿通淋、行气活血、清肝明目、止血化咳的功效,可治风湿骨痹。

三轮草

【种　　名】三轮草

【科　　名】莎草科

【属　　名】莎草属

【学　　名】*Cyperus orthostachyus* Franch. & Sav.

【别　　名】毛笠莎草、牛砖子苗、三棱草、直穗莎草、兰轮草、三轮莎草

【生 活 型】一年生草本

【分　　布】黑龙江、辽宁、吉林、内蒙古、山东、河北、湖北、陕西、安徽、福建、四川、重庆、贵州等地。日本、朝鲜等地。

【生　　境】生长于海拔250~700 m的水边沙地、稻田、河岸、沼泽地、水边湿地或路边阴湿草丛中。

【饲用价值】茎叶可饲用。

【其他用途】具有药用价值，可清热泻火、消炎，可治咳嗽痰喘、慢性支气管炎等症。

毛轴莎草

【种　　名】毛轴莎草

【科　　名】莎草科

【属　　名】莎草属

【学　　名】*Cyperus pilosus* Vahl

【别　　名】三角草、三棱草

【生 活 型】多年生草本

【分　　布】浙江、江西、福建、广东、海南、广西、贵州、云南、四川、山西等地。日本、越南、印度、尼泊尔、马来西亚、印度尼西亚等地。

【生　　境】生长于水田边、路旁潮湿处。

【饲用价值】茎叶可饲用。

【其他用途】可用于活血散瘀、利水消肿等。可绿化环境。

水莎草

【种　　名】水莎草

【科　　名】莎草科

【属　　名】莎草属

【学　　名】*Cyperus serotinus* Rottb.

【别　　名】无

【生 活 型】多年生草本

【分　　布】辽宁、黑龙江、吉林、内蒙古、甘肃、新疆、陕西、山西、山东、河北、河南、江苏、安徽、湖北、浙江、江西、福建、广东、台湾、贵州、云南等地。朝鲜、日本等地。

【生　　境】生长于浅水中、水边沙土上,有时亦见于路旁。

【饲用价值】茎叶可饲用。

【其他用途】可药用,能止咳、破血、通经、行气、消积、止痛。用于治疗慢性气管炎、症瘕积聚、产后瘀阻腹痛、消化不良、闭经、气血淤滞、胸腹肋疼痛等症。

窄穗莎草

【种　　名】窄穗莎草

【科　　名】莎草科

【属　　名】莎草属

【学　　名】*Cyperus tenuispica* Steud.

【别　　名】窄翅莎草

【生 活 型】多年生草本

【分　　布】湖南、贵州、广西等地。印度、马来西亚、印度尼西亚、越南、朝鲜、日本等地。

【生　　境】生长于空旷的田野里或疏林下。

【饲用价值】茎叶可饲用。

【其他用途】具有药用价值,可活血、止血。

荸荠

【种　　名】荸荠

【科　　名】莎草科

【属　　名】荸荠属

【学　　名】*Eleocharis dulcis* (Burm. f.) Trin. ex Hensch.

【别　　名】马蹄、水利、乌芋、地栗、钱葱、土栗、野地栗、蒲球、刺龟儿、苾荠、通天草

【生 活 型】多年生草本

【分　　布】产于中国,广布于全世界,热带和亚热带地区较多。

【生　　境】生长于池沼中或栽培在水田里。

【饲用价值】块根厚大,可供动物采食;叶子嫩绿,可供家禽食用。

【其他用途】可食用,亦有药用价值。

牛毛毡

【种　　名】牛毛毡
【科　　名】莎草科
【属　　名】荸荠属
【学　　名】*Eleocharis yokoscensis* (Franch. & Sav.) Tang & F. T. Wang
【别　　名】松毛蔺、牛毛草、绒毛头
【生 活 型】多年生草本
【分　　布】中国各省份。俄罗斯、朝鲜、日本、印度、缅甸和越南等地。
【生　　境】生长于海拔0~3 000 m的水田中、池塘边、湿土中。
【饲用价值】茎叶可饲用。
【其他用途】具有药用价值,发散风寒,祛痰平喘,用于治疗感冒咳嗽、痰多气喘、咳嗽失音等症。

紫果蔺

【种　　名】紫果蔺
【科　　名】莎草科
【属　　名】荸荠属
【学　　名】*Eleocharis atropurpurea* (Retz.) J. Presl & C. Presl
【别　　名】川贝、勤母、苦菜、苦花、空草、药实
【生 活 型】一年生草本
【分　　布】广东、海南、广西、江苏、湖南、四川、云南等地。欧、非、亚、美洲等地。
【生　　境】生长于海拔230~1 400 m的水田中、田边、湿地。
【饲用价值】为饲用价值中等的植物。青绿时,只在春季萌发后为牛、羊采食;夏季因其粗纤维韧性过大,并含有毒成分,家畜多不采食。
【其他用途】叶可作编织物及造纸的原料。具有药用价值,清热解毒。

透明鳞荸荠

【种　　名】透明鳞荸荠
【科　　名】莎草科
【属　　名】荸荠属
【学　　名】*Eleocharis pellucida* J. Presl & C. Presl
【别　　名】穗生苗荸荠、针蔺、膜苞蔺、膜麟针蔺
【生 活 型】一年生草本

【分　　布】青海、西藏、新疆、甘肃等地。俄罗斯、朝鲜、日本、印度、缅甸、印度尼西亚等地。

【生　　境】生长于海拔500~700m的水塘、水稻田中或湖边湿地。

【饲用价值】茎叶可饲用。

【其他用途】可药用,味甘,性寒,能清肺热,又富含黏液质,可生津润肺、化痰利肠、通淋利尿、消痈解毒、凉血化湿、消食除胀。

龙师草

【种　　名】龙师草

【科　　名】莎草科

【属　　名】荸荠属

【学　　名】*Eleocharis tetraquetra* Nees

【别　　名】蛾子草、龙须草、四角蔺、四棱马蹄

【生 活 型】一年生草本

【分　　布】江苏、浙江、安徽、湖南、江西、河南、福建、广西、台湾、广东、香港、云南等地。日本、印度、马来西亚等地。

【生　　境】生长于水塘边或沟边,及沼泽、湿地等水域。

【饲用价值】茎叶可饲用。

【其他用途】可发挥净化水源、固定二氧化碳与促进碳循环等重要作用。全草可药用,能清热、化痰、消积,适用于治疗疮疖、头痛、目赤、小儿疳积、夜盲症。

红鳞扁莎

【种　　名】红鳞扁莎

【科　　名】莎草科

【属　　名】扁莎属

【学　　名】*Pycreus sanguinolentus* (Vahl) Nees ex C. B. Clarke

【别　　名】黑扁莎、矮红鳞扁莎、红边扁莎

【生 活 型】一年生草本

【分　　布】辽宁、吉林、黑龙江、内蒙古、山西、陕西、甘肃、新疆、山东、河北、河南、江苏、湖南、江西、福建、广东、广西、贵州、云南、四川等地。越南、印度、菲律宾、印度尼西亚、日本及俄罗斯等地。

【生　　境】生长于河边近水处。

【饲用价值】秆多丛生,基部具叶,幼嫩时全株为牛、羊等家畜所采食,为良等饲草。

【其他用途】具有水土保持的作用。具有药用价值,全草可清热解毒、除湿退黄。

球穗扁莎

【种　　名】球穗扁莎
【科　　名】莎草科
【属　　名】扁莎属
【学　　名】*Pycreus flavidus* (Retz.) T. Koyama
【别　　名】球穗扁莎草、扁莎、黄毛扁莎、球穗莎草
【生 活 型】一年生草本
【分　　布】安徽、福建、广东、贵州、海南、河北、黑龙江、吉林、江苏、辽宁、山东、山西、陕西、四川、云南、浙江等地。亚洲、非洲、大洋洲、欧洲等地。
【生　　境】生长于田边、沟旁潮湿处或溪边湿润的沙土上。
【饲用价值】秆多丛生，基部具叶，幼嫩时全株为牛、羊等家畜所采食，为良等饲草。
【其他用途】可药用，能抗菌、止呕、调经止痛。根茎发达，植株密集，能够减缓流水对堤岸的冲击，是一种良好的固堤护坡草。

小球穗扁莎

【种　　名】小球穗扁莎
【科　　名】莎草科
【属　　名】扁莎属
【学　　名】*Pycreus flavidus* var. *nilagiricus* (Hoschst. ex Steud.) C. Y. Wu ex Karthik.
【别　　名】栗鳞扁莎
【生 活 型】多年生草本
【分　　布】中国各省份。俄罗斯、朝鲜、日本、越南、印度、马来西亚、菲律宾及澳大利亚等地。
【生　　境】生长于水中、溪旁或阴湿的地方。
【饲用价值】幼嫩时，全株为牛、羊等家畜所采食。为良等饲草，经过加工处理可变成优质饲料。
【其他用途】可药用，能抗菌、止呕、调经止痛。

直球穗扁莎

【种　　名】直球穗扁莎
【科　　名】莎草科
【属　　名】扁莎属
【学　　名】*Pycreus flavidus* var. *strictus* (Roxb.) C. Y. Wu ex Karthik.

【别　　名】无

【生 活 型】一年生草本

【分　　布】黑龙江、吉林、辽宁、山东、河北、山西、陕西、安徽、甘肃、河南、江苏、浙江、福建、广东、贵州、云南、四川、海南等地。尼泊尔、不丹、印度、日本以及澳大利亚等地。

【生　　境】生长于稻田旁、路旁阴湿处。

【饲用价值】幼嫩时，全株为牛、羊等家畜所采食。为良等饲草，经过加工处理可变成优质饲料。

【其他用途】可药用，能抗菌、止呕、调经止痛。

刺子莞

【种　　名】刺子莞

【科　　名】莎草科

【属　　名】刺子莞属

【学　　名】*Rhynchospora rubra*（Lour.）Makino

【别　　名】龙须草、绣球草、捻串草、眼圈草、芋子草、大叶谷精草、一包针、三俭草、一箭球、一包刺

【生 活 型】多年生草本

【分　　布】我国长江流域以南各省份及台湾等地。亚洲、非洲、大洋洲的热带地区。

【生　　境】适应性好，生命力强，能生长在各种环境条件下。

【饲用价值】牛、羊喜食，是优良饲草。

【其他用途】可药用，清热利湿，用于治疗风热而致的感冒、咳嗽、头痛、痹痛等症。

白喙刺子莞

【种　　名】白喙刺子莞

【科　　名】莎草科

【属　　名】刺子莞属

【学　　名】*Rhynchospora rugosa* subsp. *brownii*（Roem. & Schult.）T. Koyama

【别　　名】布朗氏莞

【生 活 型】多年生草本

【分　　布】福建、台湾、广东、广西、湖南及云南等地。全球热带及亚热带地区。

【生　　境】生长于海拔 1 000~2 400 m 的沼泽或河边潮湿地。

【饲用价值】茎叶可饲用。

【其他用途】具有药用价值。

三棱水葱

【种　　名】三棱水葱

【科　　名】莎草科

【属　　名】水葱属

【学　　名】*Schoenoplectus triqueter*（L.）Palla

【别　　名】青岛藨草、藨草、三棱萤蔺、海三棱藨草、大甲草、大甲兰、荐草、蒲、席草

【生 活 型】多年生草本

【分　　布】除广东、海南外，中国各地广泛分布。俄罗斯、日本、朝鲜等地。欧洲、美洲等地。

【生　　境】生长于海拔 2 000 m 以下的江边、沟渠、池塘边、沼泽地。

【饲用价值】为家禽所采食，是中国天然草地中，饲用价值高、数量多的一类优良牧草。

【其他用途】具有药用价值、观赏价值、经济价值。

萤蔺

【种　　名】萤蔺

【科　　名】莎草科

【属　　名】萤蔺属

【学　　名】*Schoenoplectiella juncoides*（Roxb.）Lye

【别　　名】无

【生 活 型】多年生草本

【分　　布】除内蒙古、甘肃、西藏外，中国各地广泛分布。亚洲热带和亚热带地区等。

【生　　境】生长于海拔 300~2 000 m 的路旁、荒地潮湿处，或水田边、池塘边、溪旁、沼泽中。

【饲用价值】茎叶可饲用。

【其他用途】根系发达，植株密集，可用作固堤护坡生态草。

水毛花

【种　　名】水毛花

【科　　名】莎草科

【属　　名】萤蔺属

【学　　名】*Schoenoplectiella triangulata*（Roxb.）J. Jung & H. K. Choi

【别　　名】三角草、水三棱草、丝毛草、三棱观

【生 活 型】多年生草本

【分　　布】除新疆、西藏外,中国各地广泛分布。朝鲜、日本等地。

【生　　境】生长于海拔1 400~1 750 m的沟、塘、湖边及溪边牧草地。

【饲用价值】幼嫩茎叶可作牲畜饲料。

【其他用途】其茎纤维质量很好,可用于造纸、编草鞋。园林绿化中,常用作水域造景植物。

猪毛草

【种　　名】猪毛草

【科　　名】莎草科

【属　　名】萤蔺属

【学　　名】*Schoenoplectiella wallichii* (Nees) Lye

【别　　名】善鸡尾草、小凤尾草

【生 活 型】多年生草本

【分　　布】安徽、江苏、浙江、江西、广东、广西、贵州、云南等地。朝鲜、日本、印度等地。

【生　　境】生长于稻田中,或溪边、河旁等近水处。

【饲用价值】茎叶可饲用。

【其他用途】全草可药用,有清热利尿、散毒之效。

丛毛羊胡子草

【种　　名】丛毛羊胡子草

【科　　名】莎草科

【属　　名】羊胡子草属

【学　　名】*Eriophorum comosum* (Wall.) Nees

【别　　名】羊毛胡子、羊胡子草、关胡须草

【生 活 型】多年生草本

【分　　布】云南、四川、贵州、西藏、广西、湖北、甘肃等地。印度、越南、缅甸、印度尼西亚等地。

【生　　境】生长于岩壁上。

【饲用价值】茎叶可饲用。

【其他用途】具有药用价值,用于治疗风寒感冒、喘咳、风湿骨痛、跌打损伤。叶可用于编草鞋。

夏飘拂草

【种　　名】夏飘拂草

【科　　名】莎草科

【属　　名】飘拂草属

【学　　名】*Fimbristylis aestivalis* (Retz.) Vahl

【别　　名】无

【生 活 型】一年生草本

【分　　布】浙江、福建、广东、广西、四川、云南、海南及台湾等地。日本、尼泊尔、印度以及澳大利亚等地。

【生　　境】生长于海拔1 800~2 200 m的荒草地、沼泽地以及稻田中。

【饲用价值】茎叶可饲用。

【其他用途】可药用,具有清热利尿、解毒之功效,常用于治疗小便不利、湿热浮肿、淋病、小儿胎毒。

复序飘拂草

【种　　名】复序飘拂草

【科　　名】莎草科

【属　　名】飘拂草属

【学　　名】*Fimbristylis bisumbellata* (Forssk.) Bubani

【别　　名】大畦畔飘拂草

【生 活 型】一年生草本

【分　　布】河北、山西、陕西、山东、河南、湖北、台湾、广东、四川、云南等地。印度及日本等地。

【生　　境】生长于河边、沟旁、山溪边、沙地或沼泽地,以及山坡上的潮湿地。

【饲用价值】茎叶可饲用。

【其他用途】具有药用价值。

两歧飘拂草

【种　　名】两歧飘拂草

【科　　名】莎草科

【属　　名】飘拂草属

【学　　名】*Fimbristylis dichotoma* (L.) Vahl

【别　　名】线叶两岐飘拂草
【生 活 型】一年生草本
【分　　布】辽宁、山东、河北、江苏、江西、湖南、云南、四川、广东、广西、福建、台湾、贵州等地。印度、澳大利亚等地。
【生　　境】生长于田中或浅水处。
【饲用价值】茎叶可饲用，为中等牧草。
【其他用途】可药用，煎水饮可利小便。

绒毛飘拂草

【种　　名】绒毛飘拂草
【科　　名】莎草科
【属　　名】飘拂草属
【学　　名】*Fimbristylis dichotoma* subsp. *podocarpa*（Nees）T. Koyama
【别　　名】无
【生 活 型】一年生草本
【分　　布】广西、广东等地。
【生　　境】生长于山坡草地上。
【饲用价值】幼嫩或成熟时期均可饲用。
【其他用途】未知。

宜昌飘拂草

【种　　名】宜昌飘拂草
【科　　名】莎草科
【属　　名】飘拂草属
【学　　名】*Fimbristylis henryi* C. B. Clarke
【别　　名】无
【生 活 型】一年生草本
【分　　布】四川、湖北、陕西、云南、江西、安徽、江苏、广东等地。
【生　　境】生长于海拔 130~2 000 m 的耕地上、岩石上、沼泽地中、河边、山溪边、山谷水塘边、水沟边。
【饲用价值】幼嫩或成熟时期均可饲用。
【其他用途】可药用，清热利尿。

水虱草

【种　　名】水虱草

【科　　名】莎草科

【属　　名】飘拂草属

【学　　名】*Fimbristylis littoralis* Gaudich.

【别　　名】日照飘拂草

【生 活 型】一年生草本

【分　　布】除东北各省、山东、山西、甘肃、内蒙古、新疆、西藏外，全国各地均有分布。印度、马来西亚、泰国、越南、老挝、朝鲜、日本、澳大利亚等地。

【生　　境】生长于溪边、沼泽地、水田及潮湿的山坡、路旁和草地。

【饲用价值】可作为牲畜的饲料，是良好的牧草。

【其他用途】可药用，清热利尿，活血解毒，主治风热咳嗽、小便短赤、胃肠炎、跌打损伤。

拟二叶飘拂草

【种　　名】拟二叶飘拂草

【科　　名】莎草科

【属　　名】飘拂草属

【学　　名】*Fimbristylis diphylloides* Makino

【别　　名】无

【生 活 型】一年生草本

【分　　布】江苏、浙江、安徽、江西、湖南、湖北、四川、贵州、广东、广西等地。日本、朝鲜等地。

【生　　境】生长于海拔100~2 100 m的路边、稻田埂上、溪旁、山沟潮湿地、水塘中或水稻田中。

【饲用价值】茎叶可饲用，幼嫩或成熟时期均可。

【其他用途】可药用，清热利尿、解毒，可治小便不利、湿热浮肿、淋病、小儿胎毒。

五棱秆飘拂草

【种　　名】五棱秆飘拂草

【科　　名】莎草科

【属　　名】飘拂草属

【学　　名】*Fimbristylis quinquangularis* (Vahl) Kunth

【别　　名】高五棱飘拂草、异五棱飘拂草

【生 活 型】一年生草本

【分　　布】安徽、四川、贵州、云南、西藏、福建、台湾、广东、广西、海南等地。马来西亚、印度、越南、老挝、澳大利亚等地。

【生　　境】生长于海拔850~2 100 m的沟边和水稻田边。

【饲用价值】茎叶可饲用。

【其他用途】可药用，可祛痰定喘、活血消肿，治暑热尿少、支气管炎、跌打损伤、小便不利、胃肠炎。

烟台飘拂草

【种　　名】烟台飘拂草

【科　　名】莎草科

【属　　名】飘拂草属

【学　　名】*Fimbristylis stauntonii* Debeaux & Franch.

【别　　名】光果飘拂草

【生 活 型】一年生草本

【分　　布】吉林、辽宁、河北、山东、河南、陕西、湖北、江苏、浙江、安徽等地。日本、朝鲜等地。

【生　　境】生长于海拔0~660 m的耕地中、稻田埂上、砂土湿地上、杂草丛中。

【饲用价值】茎叶可饲用，幼嫩或成熟时期均可。经过人工加工处理后，可变成优质饲料。

【其他用途】可药用，味淡，性寒，能清热利尿、解毒。

匍匐茎飘拂草

【种　　名】匍匐茎飘拂草

【科　　名】莎草科

【属　　名】飘拂草属

【学　　名】*Fimbristylis stolonifera* C. B. Clarke

【别　　名】匍茎飘拂草、匍匐茎飘浮草

【生 活 型】一年生草本

【分　　布】贵州、云南等地。印度、尼泊尔等地。

【生　　境】生长在山坡水沟边。

【饲用价值】茎叶可饲用,幼嫩或成熟时期均可。经过人工加工处理后,可变成优质饲料。

【其他用途】具有观赏价值。

短叶水蜈蚣

【种　　名】短叶水蜈蚣

【科　　名】莎草科

【属　　名】水蜈蚣属

【学　　名】*Kyllinga brevifolia* Rottb.

【别　　名】疟疾草、三荚草、姜虫草、露水草、水牛草、散寒草、姜芽草、寒筋草、水香附、燕含珠、发汗草、山蜈蚣、无头香附、龙吐珠、三夹草、水香草、一粒雪、三角草、落地杨梅、三箭草、球头草、雷公草、地杨梅、九头香、狗公草、千打锤、连根草、草含珠

【生 活 型】多年生草本

【分　　布】安徽、江苏、浙江、江西、湖南、湖北、四川、贵州、云南、福建、台湾、广东、广西、海南等地。印度、缅甸、越南、马来西亚、印度尼西亚、菲律宾、日本及澳大利亚等地。非洲西部热带地区、美洲等地。

【生　　境】生长于海拔600 m以下的山坡荒地、路旁草丛中、田边草地、溪边、海边沙滩上。

【饲用价值】茎叶可饲用。

【其他用途】可药用,性辛,味甘,有疏风清热、止咳化痰、解毒利湿、消肿之功效。

黑鳞珍珠茅

【种　　名】黑鳞珍珠茅

【科　　名】莎草科

【属　　名】珍珠茅属

【学　　名】*Scleria hookeriana* Boeckeler

【别　　名】黑鳞珍珠草、黑鳞茅、光果珍珠茅、竹根七、别射

【生 活 型】一年生草本

【分　　布】福建、湖南、湖北、贵州、四川、重庆、云南、广东、广西等地。越南等地。

【生　　境】生长于海拔450~2 000 m的无荫山坡、山沟、山脊灌木丛或草丛中。

【饲用价值】叶宽大嫩绿,叶量丰富,生长茂盛,适口性良好,为家畜所喜食。

【其他用途】可药用,能清肺化痰、散瘀消肿、止痛,可治肺热咳嗽、跌打损伤、骨折。

高秆珍珠茅

【种　　名】高秆珍珠茅

【科　　名】莎草科

【属　　名】珍珠茅属

【学　　名】*Scleria terrestris*（L.）Fassett

【别　　名】三楞筋骨草、草三棱、陆生珍珠茅、三棱关、三棱筋骨草、网果珍珠茅、纤秆珍珠茅

【生 活 型】多年生草本

【分　　布】广东、广西、海南、福建、台湾、云南、四川等地。印度、马来西亚、印度尼西亚、泰国、越南等地。

【生　　境】生长于海拔0~1 000 m的山谷、溪边草地、灌木丛、田边、路旁等干燥的地方。干燥的瘠土上也能见到。

【饲用价值】茎叶可饲用。

【其他用途】可药用，能清热解毒、生肌止血、除风湿、通经络。

毛果珍珠茅

【种　　名】毛果珍珠茅

【科　　名】莎草科

【属　　名】珍珠茅属

【学　　名】*Scleria levis* Retz.

【别　　名】割鸡刀、毛果珍珠草、三面锋、珍珠茅

【生 活 型】多年生草本

【分　　布】江苏、安徽、浙江、福建、台湾、江西、湖南、湖北、四川、贵州、云南、西藏、广东、广西、海南等地。

【生　　境】生长于海拔0~1 500 m的山坡草地、密林下、潮湿灌木丛中。

【饲用价值】茎叶可饲用。

【其他用途】可药用，能解毒消肿、消食健胃、消肿散热，主治毒蛇咬伤、小儿单纯性消化不良。

玉山蔺藨草

【种　　名】玉山蔺藨草

【科　　名】莎草科

【属　　名】蔺藨草属

【学　　名】*Trichophorum subcapitatum*（Thwaites & Hook.）D. A. Simpson

【别　　名】龙须草、类头花序藨草

【生 活 型】多年生草本

【分　　布】浙江、安徽、福建、江西、湖南、台湾、广东、广西、贵州、四川等地。日本、菲律宾、马来西亚等地。

【生　　境】生长于海拔700~2 300 m的林边湿地、山溪旁、山坡路旁湿地或灌木丛中。

【饲用价值】茎叶可饲用。

【其他用途】可药用，能利尿通淋、清热安神，主治尿路感染、糖尿病、失眠、目赤肿痛。

扁秆荆三棱

【种　　名】扁秆荆三棱

【科　　名】莎草科

【属　　名】三棱草属

【学　　名】*Bolboschoenus planiculmis*（F. Schmidt）T. V. Egorova

【别　　名】紧穗三棱草、野荆三棱

【生 活 型】多年生草本

【分　　布】黑龙江、辽宁、内蒙古、江苏、浙江、河北、河南、山西、青海、甘肃、新疆及云南等地。蒙古国、朝鲜及日本等地。

【生　　境】生长于海拔1 600 m以下的河岸、沼泽等湿地，及山沟和平川的水边湿地或缓流的浅水中。

【饲用价值】晚春初夏季节牛少量采食，其他家畜及家禽几乎不食，饲用价值较低。该种不宜单独饲用，可制成混合饲料或青贮发酵后喂饲家畜。

【其他用途】可药用，能祛瘀通经、行气消积。

丝叶球柱草

【种　　名】丝叶球柱草

【科　　名】莎草科

【属　　名】球柱草属

【学　　名】*Bulbostylis densa*（Wall.）Hand.-Mazz.

【别　　名】黄毛草、细黄毛草

【生 活 型】一年生草本

【分　　布】河北、山东、江苏、安徽、浙江、江西、福建、台湾、湖北、湖南、广东、广西、贵州、四川、云南等地。全球分布甚广。

【生　　境】生长于海拔100~3 200 m的山坡或沟边、谷边。
【饲用价值】茎叶可饲用。
【其他用途】可药用，能清凉解热；也是造纸原料。

湖瓜草

【种　　名】湖瓜草
【科　　名】莎草科
【属　　名】湖瓜草属
【学　　名】*Lipocarpha microcephala*（R. Br.）Kunth
【别　　名】钮草、七子关
【生 活 型】一年生草本
【分　　布】辽宁、河北、山东、河南、安徽、江苏、浙江、江西、湖南、湖北、四川、贵州、云南、福建、台湾、广东、广西、海南等地。越南、印度、日本等地。
【生　　境】生长于海拔400 m左右的水边和沼泽中。
【饲用价值】茎叶可饲用。
【其他用途】可药用，具有清热止惊的功效，主治小儿惊厥。

庐山藨草

【种　　名】庐山藨草
【科　　名】莎草科
【属　　名】藨草属
【学　　名】*Scirpus lushanensis* Ohwi
【别　　名】茸球藨草
【生 活 型】多年生草本
【分　　布】吉林、辽宁、山东、河南、陕西、安徽、江苏、浙江、江西、湖南、湖北、四川、重庆、贵州、云南、西藏、福建、广东、广西等地。
【生　　境】生长于海拔3 300 m左右的阴湿草丛中、湖滩草丛中、山脚开阔地、山坡草丛中、山坡林缘、路边。
【饲用价值】茎叶可饲用。
【其他用途】可药用，能开胃消食、清热利湿，主治饮食积滞、胃纳不佳、呃逆饱胀、热淋、小便不利，也可用于糖尿病的治疗。

百球藨草

【种　　名】百球藨草

【科　　名】莎草科

【属　　名】藨草属

【学　　名】*Scirpus rosthornii* Diels

【别　　名】无

【生 活 型】多年生草本

【分　　布】山东、河南、陕西、甘肃、安徽、浙江、江西、湖南、湖北、四川、重庆、贵州、云南、西藏、福建、广东、广西等地。

【生　　境】生长于海拔600~2 400 m的林中、林缘、山坡、山脚、路旁、湿地、溪边及沼泽地。

【饲用价值】茎叶可饲用。

【其他用途】可药用，具有清热解毒、凉血利水、开胃消食等功效。

菊科 Asteraceae

菊芋

【种　　名】菊芋

【科　　名】菊科

【属　　名】向日葵属

【学　　名】*Helianthus tuberosus* L.

【别　　名】菊诸、五星草、洋羌、番羌、鬼子姜、洋姜、芋头

【生 活 型】多年生草本

【分　　布】中国各省份。

【生　　境】生长于废墟、宅边、路旁。沼泽和盐碱地不宜种植。

【饲用价值】茎叶可饲用，块茎含有丰富的淀粉，是优良的多汁饲料。

【其他用途】块茎可食用。可药用，还可制菊糖及乙醇，菊糖是治疗糖尿病的良药。该种也是一种有价值的工业原料。

艾

【种　　名】艾

【科　　名】菊科

【属　　名】蒿属

【学　　名】*Artemisia argyi* H. Lév. & Vaniot

【别　　名】艾蒿、阿及艾、艾叶、艾叶蒿、白艾、白蒿、陈艾、大艾叶、大叶艾

【生 活 型】多年生草本或略成半灌木状

【分　　布】中国大部分地区。

【生　　境】生长于低海拔至中海拔地区的荒地、路旁、河边及山坡等地，也见于森林、草原地区。

【饲用价值】全株晒干粉碎成的艾蒿粉，是优质畜禽饲料添加剂。

【其他用途】可药用，全草入药，有温经、祛湿、散寒、止血、消炎、平喘、止咳、安胎、抗过敏等功效。此外，全草可作杀虫的农药，其熏烟可用于房间消毒、杀虫。艾叶晒干捣碎得“艾绒”，可制艾条供艾灸用，又可作印泥的原料。其嫩芽及幼苗可食用。

茵陈蒿

【种　　名】茵陈蒿

【科　　名】菊科

【属　　名】蒿属

【学　　名】*Artemisia capillaris* Thunb.

【别　　名】因尘、因陈、茵陈、绵茵陈、白茵陈、臭蒿、安吕草、日本茵陈、家茵陈、绒蒿

【生 活 型】半灌木状草本

【分　　布】辽宁、河北、陕西、山东、江苏、安徽、浙江、江西、福建、台湾、河南、湖北、湖南、广东、广西及四川等地。朝鲜、日本、菲律宾、越南、柬埔寨、马来西亚、印度尼西亚及俄罗斯等地。

【生　　境】生长于低海拔地区河岸、海岸附近的湿润沙地，路旁及低山坡地区。

【饲用价值】鲜或干草可作家畜饲料。

【其他用途】可药用，主治风湿、寒热、邪气热结、黄疸等，其水提取液可抑菌。可食用。

牡蒿

【种　　名】牡蒿

【科　　名】菊科

【属　　名】蒿属

【学　　名】*Artemisia japonica* Thunb.

【别　　名】齐头蒿、土柴胡、水辣菜、布菜、熊掌草、流水蒿、油艾、油蒿、花艾草、六月雪、菊叶柴胡、脚板蒿、匙叶艾、蔚

【生 活 型】多年生草本

【分　　布】中国、日本、朝鲜、阿富汗、印度、不丹、尼泊尔、越南、老挝、泰国、缅甸、菲律宾及俄罗斯等地。

【生　　境】在中国，除西南地区从低海拔地区分布到海拔 3 300 m 外，其余地区分布在中、低海拔地区，在湿润、半湿润或半干旱的环境里生长，常生长于林缘、林中空地、疏林下、旷野、灌丛、丘陵、山坡、路旁等处。

【饲用价值】叶青绿，嫩叶可作家畜饲料。

【其他用途】可药用，全草入药，具有解毒、清热、凉血的功效，可治感冒身热、小儿疳热、肺结核引起的潮热，捣敷治外伤出血，煎水可洗湿疹、风疹。牡蒿根煎服，治风湿痹痛。可作农药。

甘青蒿

【种　　名】甘青蒿

【科　　名】菊科

【属　　名】蒿属

【学　　名】*Artemisia tangutica* Pamp.

【别　　名】无

【生 活 型】多年生草本

【分　　布】甘肃、青海、四川及西藏等地。

【生　　境】生长于海拔3 000~3 800 m的山坡及河边沙地。

【饲用价值】嫩茎叶适口性中等,牛、马、羊会少量采食;开花前,叶片可用于喂兔。可放牧或刈割利用。

【其他用途】是良好的绿肥和水土保持植物。

南茼蒿

【种　　名】南茼蒿

【科　　名】菊科

【属　　名】茼蒿属

【学　　名】*Glebionis segetum* (L.) Fourr.

【别　　名】无

【生 活 型】一年生草本

【分　　布】北京、安徽、江苏、浙江、江西、湖南、湖北、贵州、云南、福建、广东、海南等地。欧洲等地。

【生　　境】生长于田边、河谷、沟边和路旁。

【饲用价值】茎叶可饲用。

【其他用途】可药用,可食用。

青蒿

【种　　名】青蒿

【科　　名】菊科

【属　　名】蒿属

【学　　名】*Artemisia caruifolia* Buch.-Ham. ex Roxb.

【别　　名】草蒿、茵陈蒿、邪蒿、香蒿、苹蒿、黑蒿、白染艮

【生 活 型】一年生草本

【分　　布】吉林、辽宁、河北、陕西、山东、江苏、安徽、浙江、江西、福建、河南、湖北、湖南、广东、广西、四川、贵州、云南等地。朝鲜、日本、越南、缅甸、印度、尼泊尔等地。

【生　　境】生长于低海拔、湿润的河岸边砂地，山谷、林缘、路旁等，也见于海滨地区。

【饲用价值】发酵后可做成混合饲料，有开胃作用，用以饲喂家畜后可增加其采食量。

【其他用途】可药用。

黄花蒿

【种　　名】黄花蒿

【科　　名】菊科

【属　　名】蒿属

【学　　名】*Artemisia annua* L.

【别　　名】草蒿、青蒿、臭蒿、黄蒿

【生 活 型】一年生草本

【分　　布】中国各省份。

【生　　境】生长于路旁、荒地、山坡、林缘等处。

【饲用价值】是优质畜禽饲料添加剂。嫩草可饲用，还可以做成发酵饲料。

【其他用途】可药用。

白莲蒿

【种　　名】白莲蒿

【科　　名】菊科

【属　　名】蒿属

【学　　名】*Artemisia gmelinii* Weber ex Stechm.

【别　　名】白蒿、万年珍珠蒿、香蒿、铁秆蒿、蚊艾、细裂叶莲蒿

【生 活 型】半灌木状草本

【分　　布】几乎遍布中国。日本、朝鲜、蒙古国、阿富汗、印度、巴基斯坦、尼泊尔、俄罗斯、哈萨克斯坦、吉尔吉斯斯坦、塔吉克斯坦、乌兹别克斯坦等地。

【生　　境】生长于中、低海拔地区的山坡、路旁、灌丛地，以及森林、草原地区。

【饲用价值】可作家畜饲料。鲜嫩时，为绵羊和山羊所喜食，其群落所在地可作为山羊和绵羊在早春及冬季的放牧场。羊、骆驼喜食，其次是马，牛多不采食。

【其他用途】可药用，可食用。

毛莲蒿

【种　　名】毛莲蒿

【科　　名】菊科

【属　　名】蒿属

【学　　名】*Artemisia vestita* Wall. ex Besser

【别　　名】老羊蒿、结白蒿、山蒿、白蒿、万年蒿

【生 活 型】亚灌木状草本或为小灌木状

【分　　布】甘肃、青海、新疆、湖北、广西、四川、贵州、云南及西藏等地。印度、巴基斯坦、尼泊尔等地。

【生　　境】生长于山坡、草地、灌丛、林缘等处，在局部地区易成区域性植物群落的优势种。

【饲用价值】可放牧或刈割利用，也可磨成粉末状用作精饲料。

【其他用途】可药用。

大籽蒿

【种　　名】大籽蒿

【科　　名】菊科

【属　　名】蒿属

【学　　名】*Artemisia sieversiana* Ehrhart ex Willd.

【别　　名】山艾、大白蒿、大头蒿、苦蒿、额尔木、肯甲

【生 活 型】一年生或二年生草本

【分　　布】黑龙江、吉林、辽宁、内蒙古、河北、山西、陕西、宁夏、甘肃、青海、新疆、四川、贵州、云南、西藏、山东、江苏等地。朝鲜、日本、蒙古国、阿富汗、巴基斯坦、印度、俄罗斯等地。

【生　　境】大多生长于海拔500~2 200 m地区，我国西南地区最高分布到海拔4 200 m。生长于路旁、荒地、河漫滩、草原、森林、干山坡或林缘等地。

【饲用价值】主要用于调制干草，作牲畜冬季贮备饲料。青鲜状态下，因有苦味，牲畜不愿食，但打霜死亡以后，直至冬季，不刈割的植株，其花序及发出的嫩枝，羊、牛会采食。

【其他用途】可药用，有消炎、清热、止血之效。可用于治疗高原地区太阳紫外线辐射引起的晒伤。

商南蒿

【种　　名】商南蒿

【科　　名】菊科

【属　　名】蒿属
【学　　名】*Artemisia shangnanensis* Y. Ling & Y. R. Ling
【别　　名】无
【生 活 型】一年生或二年生草本
【分　　布】陕西、河南、四川及云南等地。
【生　　境】生长于中、低海拔地区的山坡、路旁、林缘等地。
【饲用价值】茎叶可饲用。可作牲畜饲料。
【其他用途】可食用。

南艾蒿

【种　　名】南艾蒿
【科　　名】菊科
【属　　名】蒿属
【学　　名】*Artemisia verlotiorum* Lamotte
【别　　名】白蒿、大青蒿、苦蒿、紫蒿、红陈艾、刘寄奴
【生 活 型】多年生草本
【分　　布】黑龙江、吉林、辽宁、内蒙古、河北、山西、陕西、甘肃、山东、江苏、浙江、安徽、江西、福建、台湾、河南、湖北、湖南、广东、广西、四川、云南、贵州等地。
【生　　境】生长于低海拔至中海拔地区的山坡、路旁、田边等地。
【饲用价值】茎叶可饲用。可作牲畜饲料。
【其他用途】可药用,有消炎、止血的功效。

野艾蒿

【种　　名】野艾蒿
【科　　名】菊科
【属　　名】蒿属
【学　　名】*Artemisia lavandulifolia* DC.
【别　　名】野艾蒿、荫地蒿、小叶艾、狭叶艾、艾叶
【生 活 型】多年生草本
【分　　布】黑龙江、吉林、辽宁、内蒙古、河北、山西、陕西、甘肃、山东、江苏、安徽、江西、河南、湖北、湖南、广东、广西、四川、贵州、云南等地。日本、朝鲜、蒙古国及俄罗斯等地。
【生　　境】生长于低或中海拔地区的路旁、林缘、山坡、草地、山谷、灌丛及河湖滨草地等。
【饲用价值】茎叶可饲用,鲜草可作饲料。
【其他用途】可药用。嫩苗可作蔬菜食用或用于腌制酱菜。

蒙古蒿

【种　　名】蒙古蒿

【科　　名】菊科

【属　　名】蒿属

【学　　名】*Artemisia mongolica* (Fisch. ex Besser) Nakai

【别　　名】蒙蒿、狭叶蒿、狼尾蒿、水红蒿

【生 活 型】多年生草本

【分　　布】黑龙江、吉林、辽宁、内蒙古、河北、山西、陕西、宁夏、甘肃、青海、新疆、山东、江苏、安徽、江西、福建、台湾、河南、湖北、湖南、广东、四川及贵州等地。

【生　　境】生长于中或低海拔地区的山坡、灌丛、河湖岸边及路旁等地，我国西北、华北地区还见于森林草原、草原和干河谷等地。

【饲用价值】全株可饲用，春季的幼苗为马、牛、羊所采食。

【其他用途】可药用，可用于提取芳香油，也可作制作纤维与造纸的原料。

灰苞蒿

【种　　名】灰苞蒿

【科　　名】菊科

【属　　名】蒿属

【学　　名】*Artemisia roxburghiana* Besser

【别　　名】白蒿子、小艾叶、灰色蒿、白蒿、灰袍蒿、雪蒿

【生 活 型】亚灌木状草本

【分　　布】陕西、甘肃、青海、湖北、四川、贵州、云南、西藏等地。

【生　　境】生长于海拔700~3 900 m的荒地、干河谷、阶地、路旁、草地等地。

【饲用价值】茎叶可饲用。茎叶青绿时家畜很少采食，枯黄后绵羊、山羊采食。

【其他用途】可药用，有温经、散寒、止血的功效。

蒌蒿

【种　　名】蒌蒿

【科　　名】菊科

【属　　名】蒿属

【学　　名】*Artemisia selengensis* Turcz. ex Besser

【别　　名】水蒿、水艾、小蒿子、芦蒿、香艾、红陈艾、水陈艾、红艾

【生 活 型】多年生草本

【分　　布】黑龙江、吉林、辽宁、内蒙古、河北、山西、陕西、甘肃、山东、江苏、安徽、江西、河南、湖北、湖南、广东、四川、云南及贵州等地。

【生　　境】生长于低海拔地区的河湖岸边与沼泽地带，也见于湿润的疏林中、山坡、路旁、荒地。

【饲用价值】茎叶可饲用。其鲜草马、羊喜食，牛少量采食。

【其他用途】可药用，全草入药，有止血、消炎、镇咳、化痰之效，可用于治疗黄疸型或无黄疸型肝炎。嫩茎及叶可作蔬菜食用或用于腌制酱菜。

牛尾蒿

【种　　名】牛尾蒿

【科　　名】菊科

【属　　名】蒿属

【学　　名】*Artemisia dubia* Wall. ex Besser subf. *intermedia* Pamp.

【别　　名】荻蒿、水蒿、艾蒿、米蒿

【生 活 型】多年生草本

【分　　布】内蒙古、甘肃、四川、云南、西藏等地。印度、不丹、尼泊尔等地。

【生　　境】生长于低海拔地区至海拔3 500 m的干山坡、草原、疏林下及林缘。

【饲用价值】茎叶可饲用，为低等饲用植物。

【其他用途】可药用，有清热、解毒、消炎、杀虫之效。

假福王草

【种　　名】假福王草

【科　　名】菊科

【属　　名】假福王草属

【学　　名】*Paraprenanthes sororia*（Miq.）C. Shih

【别　　名】堆莴苣

【生 活 型】一年生草本

【分　　布】江苏、安徽、浙江、江西、福建、湖北、湖南、广东、广西、四川、重庆、贵州、西藏等地。日本、朝鲜等地。

【生　　境】生长于海拔200~3 200 m的山坡、山谷的灌丛、林下。

【饲用价值】营养丰富，适口性较好，消化率较高，适合各类畜禽食用。

【其他用途】可药用，能清热解毒、止泻、止咳润肺，用于治疗疮疖肿毒、骨痨、肺痨、外伤出血。

三角叶假福王草

【种　　名】三角叶假福王草

【科　　名】菊科

【属　　名】假福王草属

【学　　名】*Paraprenanthes hastata* Shih

【别　　名】无

【生 活 型】一年生草本

【分　　布】四川、重庆等地。

【生　　境】生长于海拔200~3 200 m的山谷、山坡林下潮湿地。

【饲用价值】茎枝光滑无毛，叶片宽大而翠绿，营养丰富，适口性较好，消化率较高，适合各类畜禽食用。

【其他用途】可药用，能清热解毒、止泻、止咳润肺，用于治疗疮疖肿毒、骨痨、肺痨、外伤出血。

林生假福王草

【种　　名】林生假福王草

【科　　名】菊科

【属　　名】假福王草属

【学　　名】*Paraprenanthes diversifolia*（Vaniot）N. Kilian

【别　　名】长柄假福王草、雷山假福王草

【生 活 型】一年生草本

【分　　布】陕西、浙江、福建、湖南、广西、江西、四川、云南等地。

【生　　境】生长于海拔2 500 m左右的山谷、山坡林下潮湿地。

【饲用价值】嫩叶、茎叶可饲用，根茎无法制成饲料。

【其他用途】带根全草可药用，能清热解毒，用于治疗疮疖肿毒、外伤出血、蝮蛇咬伤。

异叶假福王草

【种　　名】异叶假福王草

【科　　名】菊科

【属　　名】假福王草属

【学　　名】*Paraprenanthes prenanthoides*（Hemsl.）C. Shih

【别　　名】重庆苣、密毛假福王草

【生 活 型】一年生草本

【分　　布】重庆、贵州等地。

【生　　境】生长于海拔500~1 100 m的山坡林下。

【饲用价值】成熟或幼嫩时期的茎叶均可用于饲喂猪、牛或羊，经过加工处理可制成优质饲料。

【其他用途】可药用，能清热解毒、散瘀止血。

苣荬菜

【种　　名】苣荬菜

【科　　名】菊科

【属　　名】苦苣菜属

【学　　名】*Sonchus wightianus* DC.

【别　　名】南苦苣荬

【生 活 型】多年生草本

【分　　布】福建、广东、广西、贵州、海南、湖北、湖南、江苏、宁夏、陕西、四川、台湾、新疆、西藏、云南、浙江、青海、甘肃、重庆、江西等地。

【生　　境】生长于海拔300~2 300 m的山坡草地、林间草地、潮湿地或近水旁、村边或河边砾石滩。

【饲用价值】叶片宽大而翠绿，营养丰富，适口性较好，消化率较高，适合各类畜禽食用。

【其他用途】可药用，有清热解毒、利湿排脓、凉血止血、降血压、降胆固醇、抗肿瘤、保肝之功效，主治咽喉肿痛、疮疖肿毒、痔疮、急性菌痢、肠炎、肺脓疮、急性阑尾炎、吐血、衄血、咯血、尿血、便血、崩漏。

苦苣菜

【种　　名】苦苣菜

【科　　名】菊科

【属　　名】苦苣菜属

【学　　名】*Sonchus oleraceus* L.

【别　　名】苦菜、天香菜、干马菜、滇苦荬菜

【生 活 型】一年生或二年生草本

【分　　布】辽宁、河北、山西、陕西、甘肃、青海、新疆、山东、江苏、安徽、浙江、江西、福建、台湾、河南、湖北、湖南、广西、四川、重庆、云南、贵州、西藏等地。

【生　　境】生长于海拔170~3 200 m的山坡或山谷林缘、林下或平地田间、空旷处或近水处。

【饲用价值】茎叶可饲用。

【其他用途】可药用。

短裂苦苣菜

【种　　名】短裂苦苣菜

【科　　名】菊科

【属　　名】苦苣菜属

【学　　名】*Sonchus uliginosus* M. B.

【别　　名】苦菜、苦荬菜、匍茎苦菜、曲荬菜、曲曲菜、野莴苣、短碧苦苣菜、短裂苦苣、湿地苦菜

【生 活 型】多年生草本

【分　　布】黑龙江、吉林、辽宁、内蒙古、河北、山西、陕西、甘肃、青海、新疆、江苏、浙江、河南、四川、云南、西藏等地。俄罗斯、阿富汗、巴基斯坦、尼泊尔等地。

【生　　境】生长于海拔1 150~3 200 m的田边、山坡、草地、湿地、荒地。

【饲用价值】茎叶可饲用,经过加工处理可制成优质饲料。

【其他用途】可药用。

山莴苣

【种　　名】山莴苣

【科　　名】菊科

【属　　名】莴苣属

【学　　名】*Lactuca sibirica* (L.) Benth. ex Maxim.

【别　　名】北山莴苣、山苦菜

【生 活 型】多年生草本

【分　　布】黑龙江、吉林、辽宁、内蒙古、河北、山西、陕西、甘肃、青海、新疆等地。俄罗斯、日本、蒙古国等地。

【生　　境】生长于海拔300~1 800 m的林缘、林下、草甸、河岸、湿地。

【饲用价值】适用于放牧,也适用于刈割作青绿饲草。放牧以叶丛期或分枝之前为最好;刈割饲喂以现蕾前为适宜。开花前各种畜禽喜食,为优等饲草,开花后适口性明显降低。

【其他用途】可食用,可药用。

菊苣

【种　　名】菊苣

【科　　名】菊科

【属　　名】菊苣属
【学　　名】*Cichorium intybus* L.
【别　　名】蓝花菊苣
【生 活 型】多年生草本
【分　　布】北京、黑龙江、辽宁、山西、陕西、新疆、江西等地。
【生　　境】生长于海滨荒地、河边、水沟边或山坡。
【饲用价值】茎叶可饲用。
【其他用途】叶可调制成菜；根含菊糖及芳香族物质，可提制用以替代咖啡。

珠光香青

【种　　名】珠光香青
【科　　名】菊科
【属　　名】香青属
【学　　名】*Anaphalis margaritacea*（L.）Benth. & Hook. f.
【别　　名】山萩、避风草、牛舌草、毛女儿草、大火草、大叶白头翁、九头艾
【生 活 型】多年生草本
【分　　布】我国西南部、西部、中部地区。印度、日本、朝鲜等地。
【生　　境】生长于海拔300~3 400 m的亚高山或低山草地、石砾地、山沟及路旁。
【饲用价值】茎叶可饲用。
【其他用途】可药用。

香青

【种　　名】香青
【科　　名】菊科
【属　　名】香青属
【学　　名】*Anaphalis sinica* Hance
【别　　名】籁箫、荻、通肠香
【生 活 型】多年生草本
【分　　布】河北、山西、山东、河南、陕西、甘肃、安徽、江苏、浙江、江西、湖南、湖北、四川、贵州、云南、福建、广西等地。朝鲜、日本等地。
【生　　境】生长于海拔400~2 000 m的低山或亚高山灌丛、草地、山坡和溪岸。
【饲用价值】茎叶可饲用。
【其他用途】可药用。

旋叶香青

【种　　名】旋叶香青
【科　　名】菊科
【属　　名】香青属
【学　　名】*Anaphalis contorta*（D. Don）Hook. f.
【别　　名】无
【生 活 型】一年生草本
【分　　布】我国西南地区。印度等地。
【生　　境】生长于海拔1 700~3 500 m的干燥或湿润山坡草地。
【饲用价值】茎叶可饲用。
【其他用途】可药用。

蟹甲草

【种　　名】蟹甲草
【科　　名】菊科
【属　　名】蟹甲草属
【学　　名】*Parasenecio forrestii* W. W. Sm. & Small
【别　　名】无
【生 活 型】多年生草本
【分　　布】四川、云南等地。
【生　　境】生长于海拔2 300~3 700 m的高山、山地冷杉林或林缘下。
【饲用价值】茎叶可饲用。
【其他用途】可药用。

华蟹甲

【种　　名】华蟹甲
【科　　名】菊科
【属　　名】华蟹甲属
【学　　名】*Sinacalia tangutica*（Maxim.）B. Nord.
【别　　名】羽裂蟹甲草、猪肚子、水萝卜
【生 活 型】多年生草本

【分　　布】青海、河北、山西、陕西、宁夏、甘肃、湖北、湖南、四川等地。

【生　　境】生长于海拔 1 250~3 450 m 的山坡草地、悬崖、沟边、草甸、林缘或路边。

【饲用价值】茎叶可饲用。

【其他用途】可药用。

中华苦荬菜

【种　　名】中华苦荬菜

【科　　名】菊科

【属　　名】苦荬菜属

【学　　名】*Ixeris chinensis*（Thunb.）Nakai

【别　　名】山苦荬、苦菜、节托莲、小苦麦菜、苦叶苗、败酱、苦麻菜、黄鼠草、小苦苣、小苦、荬苦菜、活血草、陷血丹、小苦荬、苦丁菜、苦碟子、光叶苦荬菜、败酱草

【生 活 型】多年生草本

【分　　布】黑龙江、河北、山西、陕西、山东、江苏、安徽、浙江、福建、江西、台湾、河南、四川、贵州、云南、西藏等地。朝鲜、日本、俄罗斯等地。

【生　　境】生长于山坡路旁、田野、河边灌丛或岩石缝隙中。

【饲用价值】茎叶可饲用。

【其他用途】可药用，也可食用。

剪刀股

【种　　名】剪刀股

【科　　名】菊科

【属　　名】苦荬菜属

【学　　名】*Ixeris japonica*（Burm. F.）Nakai

【别　　名】沙滩苦荬菜

【生 活 型】多年生草本

【分　　布】浙江、福建、河南、广东等地。日本、朝鲜等地。

【生　　境】生长于路边潮湿地及田边。

【饲用价值】茎叶可饲用。

【其他用途】可药用。

苦荬菜

【种　　名】苦荬菜

【科　　名】菊科

【属　　名】苦荬菜属

【学　　名】*Ixeris polycephala* Cass. ex DC.

【别　　名】多头莴苣、多头苦荬菜、深裂苦荬菜

【生 活 型】一年生草本

【分　　布】陕西、江苏、浙江、福建、安徽、台湾、江西、湖南、广东、广西、贵州、四川、云南等地。尼泊尔、印度、日本等地。

【生　　境】生长于海拔300~2 200 m的山坡林缘、灌丛、草地、田野路旁。

【饲用价值】茎叶可饲用。

【其他用途】可药用。

细叶小苦荬

【种　　名】细叶小苦荬

【科　　名】菊科

【属　　名】小苦荬属

【学　　名】*Ixeridium gracile*（DC.）C. Shih

【别　　名】纤细苦荬菜

【生 活 型】多年生草本

【分　　布】陕西、甘肃、浙江、福建、江西、湖北、湖南、广西、广东、四川、重庆、贵州、云南、西藏等地。尼泊尔、不丹、印度和缅甸等地。

【生　　境】生长于海拔800~3 000 m的山坡或山谷林缘、林下、田间、荒地或草甸。

【饲用价值】是优质、高产的青饲料，也可青贮和制作成草粉。适口性好，叶量多，鲜嫩多汁，为马、牛、羊等所喜食。此外，用其喂兔及作为鱼的饵料，效果都较好。

【其他用途】可药用。

马兰

【种　　名】马兰

【科　　名】菊科

【属　　名】紫菀属

【学　　名】*Aster indicus* L.
【别　　名】蓑衣莲、鱼鳅串、路边菊、田边菊、鸡儿肠、马兰头、狭叶马兰
【生 活 型】多年生草本
【分　　布】四川、重庆、云南、贵州、陕西、河南、湖北、湖南、江西、广东、广西、福建、台湾、浙江、安徽、江苏、山东等地。朝鲜、日本、印度等地。
【生　　境】生长于林缘、灌丛、山坡、路旁、溪岸。
【饲用价值】幼叶可饲用。
【其他用途】可药用。幼叶可食用。

马兰-多型变种

【种　　名】马兰-多型变种
【科　　名】菊科
【属　　名】马兰属
【学　　名】*Kalimeris indica*（L.）Sch.-Bip. var. *polymorpha*（Vant.）Kitam.
【别　　名】路边草、马兰狭苞变种、狭苞变种、狭苞鸡儿肠、狭叶鸡儿肠、窄叶马兰
【生 活 型】多年生草本
【分　　布】四川、湖北、湖南、江西、安徽、江苏、陕西、贵州及云南等地。
【生　　境】生长于菜园、农田、路旁。
【饲用价值】茎叶可饲用。
【其他用途】可药用。

狭苞马兰

【种　　名】狭苞马兰
【科　　名】菊科
【属　　名】紫菀属
【学　　名】*Aster indicus* var. *stenolepis*（Hand.-Mazz.）Soejima & Igari
【别　　名】无
【生 活 型】多年生草本
【分　　布】陕西、安徽、江苏、浙江、江西、湖南、湖北、四川、福建、广西等地。
【生　　境】生长于海拔 1 200 m 以下的低山区或平川的路旁、林缘、灌丛中。
【饲用价值】茎叶可饲用。
【其他用途】可药用。

毡毛马兰

【种　　名】毡毛马兰
【科　　名】菊科
【属　　名】紫菀属
【学　　名】*Aster shimadae* (Kitam.) Nemoto
【别　　名】毛丹马兰、毛马兰、岛田鸡儿肠、岛田马兰、毡毛鸡儿肠
【生 活 型】多年生草本
【分　　布】湖北、湖南、安徽、浙江、江苏、江西、福建、台湾等地。
【生　　境】生长于林缘、草坡、溪岸、河边、田边、路旁、沟边、低草地及低湿处。
【饲用价值】茎叶可饲用。
【其他用途】可药用。

全叶马兰

【种　　名】全叶马兰
【科　　名】菊科
【属　　名】紫菀属
【学　　名】*Aster pekinensis* (Hance) F. H. Chen
【别　　名】全叶鸡儿肠 、全缘叶马兰、黄花三草、野白菊
【生 活 型】多年生草本
【分　　布】我国西部、中部、东部、北部及东北部地区。朝鲜、日本、俄罗斯等地。
【生　　境】生长于山坡、林缘、灌丛、路旁。
【饲用价值】青草和干草,为马、牛、羊所喜食,还可作兔和猪的饲草。晚春及夏季收割后,稍加阴干即可直接饲喂,中秋后储备,冬季可直接饲用。
【其他用途】可药用。

东风菜

【种　　名】东风菜
【科　　名】菊科
【属　　名】紫菀属
【学　　名】*Aster scaber* Thunb.
【别　　名】山蛤芦、钻山狗、白云草、疙瘩药、草三七

【生 活 型】 多年生草本

【分　　布】 我国东北部、北部、中部、东部至南部地区。朝鲜、日本、俄罗斯等地。

【生　　境】 生长于山谷坡地、草地和灌丛中，极常见。耐阴、喜肥水，抗寒性极强。

【饲用价值】 茎叶可饲用。

【其他用途】 可药用，可食用。

小蓬草

【种　　名】 小蓬草

【科　　名】 菊科

【属　　名】 飞蓬属

【学　　名】 *Erigeron canadensis* L.

【别　　名】 小白酒草、加拿大蓬、小飞蓬、飞蓬、蒿子草

【生 活 型】 一年生草本

【分　　布】 中国各地均有分布。原产北美洲，现世界各地广泛分布。

【生　　境】 生长于旷野、荒地、田边、河谷、沟边和路旁。

【饲用价值】 茎叶可饲用。

【其他用途】 可药用。

毛裂蜂斗菜

【种　　名】 毛裂蜂斗菜

【科　　名】 菊科

【属　　名】 蜂斗菜属

【学　　名】 *Petasites tricholobus* Franch.

【别　　名】 蜂斗菜、冬花

【生 活 型】 多年生草本

【分　　布】 山西、河南、陕西、甘肃、青海、云南、四川、贵州、西藏等地。尼泊尔、印度和越南等地。

【生　　境】 生长于海拔700~4 200 m的山谷路旁或水旁。

【饲用价值】 茎叶可饲用。

【其他用途】 可药用。根状茎入药，能解毒祛瘀，外敷治跌打损伤、骨折及蛇伤。

盐源蜂斗菜

【种　　名】盐源蜂斗菜

【科　　名】菊科

【属　　名】蜂斗菜属

【学　　名】*Petasites versipilus* Hand.-Mazz.

【别　　名】无

【生 活 型】多年生草本

【分　　布】四川、云南等地。

【生　　境】生长于海拔2 700~3 200 m的亚高山草坡或林下、灌丛。

【饲用价值】茎叶可饲用。

【其他用途】可药用，能解毒祛湿，治疗扁桃体炎。植株叶柄具有特殊香气，初出土的花茎常作香辛料食用。

野茼蒿

【种　　名】野茼蒿

【科　　名】菊科

【属　　名】野茼蒿属

【学　　名】*Crassocephalum crepidioides* (Benth.) S. Moore

【别　　名】草命菜

【生 活 型】一年生草本

【分　　布】江西、福建、湖南、湖北、广东、广西、贵州、云南、四川、西藏等地。亚洲东南部、非洲等地。

【生　　境】生长于海拔300~1 800 m的山坡路旁、水边、灌丛中。

【饲用价值】茎叶可饲用。

【其他用途】可药用，有健脾、消肿之功效，治消化不良、脾虚浮肿等症。嫩叶是一种味美的野菜。

菜蓟

【种　　名】菜蓟

【科　　名】菊科

【属　　名】菜蓟属

【学　　名】*Cynara scolymus* L.

【别　　名】食托菜蓟、朝鲜蓟

【生 活 型】多年生草本

【分　　布】上海、浙江、湖南、北京、云南、陕西、山东等地有栽培。原产地中海地区，西欧等地有栽培。

【生　　境】生长于山坡路旁、水边、灌丛中。

【饲用价值】茎叶可饲用。

【其他用途】可药用，具有保护肝肾、促进肝脏排毒、促进消化、改善血液循环、防止动脉硬化、保护心血管的功效。此外，菜蓟还可以加工成罐头、茶叶、酒类等产品，或作为观赏花卉。

黄鹌菜

【种　　名】黄鹌菜

【科　　名】菊科

【属　　名】黄鹌菜属

【学　　名】*Youngia japonica*（L.）DC.

【别　　名】毛连连、野芥菜、黄花枝香草、野青菜、还阳草

【生 活 型】一年生草本

【分　　布】北京、陕西、甘肃、山东、江苏、安徽、浙江、江西、福建、河南、湖北、湖南、广东、广西、四川、云南、西藏等地。日本、印度、菲律宾、马来西亚、朝鲜等地。

【生　　境】生长于山坡、山谷及山沟的林缘、林下、林间草地、潮湿地、河边沼泽地、田间与荒地上。

【饲用价值】茎叶可饲用。

【其他用途】可药用，能消肿、止痛，治感冒。含有较高的膳食纤维，可切段腌制成泡菜，也可油炸后以供食用。

鼠冠黄鹌菜

【种　　名】鼠冠黄鹌菜

【科　　名】菊科

【属　　名】黄鹌菜属

【学　　名】*Youngia cineripappa*（Babc.）Babc. & Stebbins

【别　　名】灰毛黄鹌菜

【生 活 型】多年生草本

【分　　布】广西、四川、贵州、云南等地。印度等地。

【生　　境】生长于海拔600~3 000m的山谷水旁潮湿地、山坡草地、疏林或灌丛中。

【饲用价值】 茎叶可饲用。
【其他用途】 全株可入药，能清热解毒、消肿止痛、凉血。可作野菜食用。

异叶黄鹌菜

【种　　名】 异叶黄鹌菜
【科　　名】 菊科
【属　　名】 黄鹌菜属
【学　　名】 *Youngia heterophylla* (Hemsl.) Babc. & Stebbins
【别　　名】 黄狗头
【生 活 型】 一年生或二年生草本
【分　　布】 陕西、江西、湖南、湖北、四川、贵州、云南等地。
【生　　境】 生长于海拔420~2 250 m的山坡林缘、林下及荒地。
【饲用价值】 嫩茎和嫩叶可饲用。
【其他用途】 可药用，主治咽痛、乳痛、牙痛、小便不利、淋浊、肝硬化腹水、疮病肿毒等症状。嫩茎叶可作野菜食用。

川黔黄鹌菜

【种　　名】 川黔黄鹌菜
【科　　名】 菊科
【属　　名】 黄鹌菜属
【学　　名】 *Youngia rubida* Babc. & Stebbins
【别　　名】 无
【生 活 型】 一年生草本
【分　　布】 湖南、四川、重庆、贵州等地。
【生　　境】 生长于山坡林缘、林下、岩石下或土壁上。
【饲用价值】 幼芽、嫩茎叶、花蕾可饲用。
【其他用途】 可药用，能清热解毒、消肿止痛，可治感冒、咽痛、乳腺炎、结膜炎、疮疖、尿路感染、白带异常、风湿性关节炎。

多裂黄鹌菜

【种　　名】 多裂黄鹌菜
【科　　名】 菊科

【属　　名】黄鹌菜属

【学　　名】*Youngia rosthornii* (Diels) Babc. & Stebbins

【别　　名】马绊肠、醉马草、绊肠草、苦马豆

【生 活 型】一年生草本

【分　　布】浙江、四川、重庆及湖北等地。

【生　　境】生长于山坡、山谷及山沟的林缘、林下、林间草地、潮湿地、河边沼泽地、田间与荒地上。

【饲用价值】嫩茎和叶可作食草动物饲料。

【其他用途】可药用，能清热解毒、消肿止痛，可治感冒、咽痛、乳腺炎、结膜炎、疮疖、尿路感染、白带异常、风湿性关节炎。

蒲公英

【种　　名】蒲公英

【科　　名】菊科

【属　　名】蒲公英属

【学　　名】*Taraxacum mongolicum* Hand.-Mazz.

【别　　名】黄花地丁、婆婆丁、蒙古蒲公英、灯笼草、姑姑英、地丁

【生 活 型】多年生草本

【分　　布】江苏、湖北、河南、安徽、黑龙江、吉林、辽宁、内蒙古、河北、山西、陕西、甘肃、青海、山东、浙江、福建、台湾、湖南、四川、贵州、云南等地。朝鲜、蒙古国、俄罗斯等地。

【生　　境】生长于中、低海拔地区的山坡草地、路边、田野、河滩。

【饲用价值】是猪、禽的主要青饲料之一。可煮熟或青贮、发酵，也可直接饲喂或调制成干草。

【其他用途】可药用，能清热解毒、利尿散结，治急性乳腺炎、淋巴结炎、瘰疬、疔毒疮肿、急性结膜炎、感冒发热、急性扁桃体炎、急性支气管炎、胃炎、肝炎、胆囊炎、尿路感染、跌打损伤、腮腺炎。

橐吾

【种　　名】橐吾

【科　　名】菊科

【属　　名】橐吾属

【学　　名】*Ligularia sibirica* (L.) Cass.

【别　　名】西伯利亚橐吾、独脚莲、莲蓬草、荷叶

【生 活 型】 多年生草本

【分　　布】 云南、四川、贵州、甘肃、陕西、山西、内蒙古、河北、湖南、安徽等地。俄罗斯等地。

【生　　境】 生长于海拔373~2 200 m的沼泽地、湿草地、河边、山坡及林缘。

【饲用价值】 茎叶可饲用。

【其他用途】 可药用。叶治急性支气管炎、肺结核咳嗽、气逆、咳嗽咯血；根及根状茎具有润肺、化痰、定喘、止咳、止血、止痛的功效。

鹿蹄橐吾

【种　　名】 鹿蹄橐吾

【科　　名】 菊科

【属　　名】 橐吾属

【学　　名】 *Ligularia hodgsonii* Hook.

【别　　名】 滇紫菀

【生 活 型】 多年生草本

【分　　布】 云南、四川、湖北、贵州、广西、甘肃、陕西等地。日本等地。

【生　　境】 生长于海拔850~2 800 m的河边、山坡草地及林中。

【饲用价值】 茎叶可饲用。

【其他用途】 可药用，根及根状茎可活血行瘀、润肺降气、止咳。

大黄橐吾

【种　　名】 大黄橐吾

【科　　名】 菊科

【属　　名】 橐吾属

【学　　名】 *Ligularia duciformis* (C. Winkl.) Hand.-Mazz.

【别　　名】 大黄、四川松潘、西伯利亚橐吾、北橐吾、大马蹄、葫芦、水葫芦

【生 活 型】 多年生草本

【分　　布】 云南、四川、湖北、甘肃、宁夏等地。

【生　　境】 生长于海拔1 900~4 100 m的河边、林下及高山草地。

【饲用价值】 茎叶可饲用。

【其他用途】 可药用。有活血散瘀、止痛、止咳祛痰的功效，可治跌打损伤、劳伤咯血、月经不调等症。

薯蓣科 Dioscoreaceae

穿龙薯蓣

【种　　名】穿龙薯蓣

【科　　名】薯蓣科

【属　　名】薯蓣属

【学　　名】*Dioscorea nipponica* Makino

【别　　名】穿山薯蓣、地龙骨

【生 活 型】缠绕草质藤本

【分　　布】河南、安徽、浙江、江西、陕西、甘肃、宁夏、青海、四川、重庆等地。日本、朝鲜、俄罗斯等地。

【生　　境】生长于山腰的河谷两侧、半阴半阳的山坡灌木丛中、稀疏杂木林内及林缘。

【饲用价值】叶可饲用。

【其他用途】根茎可药用，能祛风除湿、活血通络、止咳。根状茎含有的薯蓣皂苷元是合成甾体激素类药物的重要原料。根状茎是制作类固醇类药物的一种重要原料。

盾叶薯蓣

【种　　名】盾叶薯蓣

【科　　名】薯蓣科

【属　　名】薯蓣属

【学　　名】*Dioscorea zingiberensis* C. H. Wright

【别　　名】火头根、黄姜、黄连参、地黄姜、野洋姜、老虎姜、花叶黄姜、火藤根

【生 活 型】缠绕草质藤本

【分　　布】河南、湖北、湖南、陕西、甘肃、四川、云南等地。

【生　　境】生长于海拔100~1 500 m的杂木林间或森林、沟谷边缘的路旁，常见于腐殖质深厚的土壤上。

【饲用价值】可饲用。

【其他用途】可药用，用于治疗痈疖早期未破溃、皮肤急性化脓性感染、软组织损伤、蜂螫虫咬。可用于合成甾体激素类药物、长效口服避孕药、糖皮质激素及抗休克药物等。还可用于制造乙醇和葡萄糖。

苋科 Amaranthaceae

青葙

【种　　名】青葙

【科　　名】苋科

【属　　名】青葙属

【学　　名】*Celosia argentea* L.

【别　　名】草蒿、萋蒿、昆仑草、百日红、鸡冠苋、鸡冠子菜、草决明、狗尾子、野鸡冠花子、指天笔、狐狸尾、牛尾巴花、野鸡冠花、狗尾花、狗尾宽、妻蒿、野鸡冠

【生 活 型】一年生草本

【分　　布】山东、江苏、安徽、浙江、福建、台湾、江西、湖北、湖南、广东、海南、广西、贵州、云南、四川、甘肃、陕西及河南等地。朝鲜、日本、俄罗斯、印度、越南、缅甸、泰国、菲律宾、马来西亚等地。

【生　　境】生长于海拔1 500 m以下的平原、田边、丘陵、山坡。

【饲用价值】茎叶较嫩，适口性强，全植物可作饲料。

【其他用途】种子可药用，治目赤肿痛、障翳、高血压、鼻衄、皮肤风热瘙痒、疥癞；花序具有清肝凉血、明目退翳的功效，治吐血、头风、目赤、血淋、月经不调、带下；茎叶及根，可燥湿清热、止血、杀虫。同时，具有观赏价值。种子炒熟后，可用于加工各种糖食。嫩茎叶浸去苦味后，可作野菜食用。

鸡冠花

【种　　名】鸡冠花

【科　　名】苋科

【属　　名】青葙属

【学　　名】*Celosia cristata* L.

【别　　名】鸡髻花、老来红、芦花鸡冠、笔鸡冠、小头鸡冠、凤尾鸡冠、大鸡公花、鸡角根、红鸡冠、鸡冠苋鸡花、鸡米花、鸡公花、鸡角枪、鸡骨子花、老来少、鸡冠头

【生 活 型】一年生草本

【分　　布】安徽、北京、福建、甘肃、广东、辽宁、内蒙古、宁夏、青海、陕西、山东、山西、四川、浙江等地。美洲热带地区、非洲等地。

【生　　境】生长于海拔500 m以下的山地疏林下或河边灌木丛中，以及房前屋后。
【饲用价值】茎叶蛋白质含量高，可饲用。
【其他用途】可栽培以供观赏。花和种子可药用，为收敛剂，有止血、凉血、止泻的功效。

千穗谷

【种　　名】千穗谷
【科　　名】苋科
【属　　名】苋属
【学　　名】*Amaranthus hypochondriacus* L.
【别　　名】籽粒苋、繁穗苋、红苋、尾穗苋、绿穗苋、老枪谷
【生 活 型】一年生草本
【分　　布】云南、四川、江西、黑龙江、内蒙古、河北等地。全球热带、温带和亚热带等地区。
【生　　境】生长于海拔400~1 100 m的田野、旷地或山坡。
【饲用价值】适口性较好，粗蛋白含量高，茎叶柔软多汁，营养丰富，是各类畜禽理想的饲料。可青饲、青贮，也可打浆、发酵煮熟后饲喂畜禽，收种后的秸秆和残叶可用于放牧，也可制成干草粉。
【其他用途】可药用，有补气除热、杀虫毒的功效，可利大小便、化虫、去寒热，能通血脉、逐瘀血。其含有的多酚类物质被证实具有抗氧化，降低血糖、血脂和胆固醇的作用。可食用。

尾穗苋

【种　　名】尾穗苋
【科　　名】苋科
【属　　名】苋属
【学　　名】*Amaranthus caudatus* L.
【别　　名】老枪谷、籽粒苋、刺苋、番米子、高丽谷、观音柳、红米菜、红米苋、红苋菜、红叶苋、家鲜谷、老来红、老羌谷、仁仙、水苋、水苋菜、樾冠花、天仙米、西番谷、西米谷、西洋谷、细谷、苋菜、玉谷苗、玉米菜、云苋菜、红小米
【生 活 型】一年生草本
【分　　布】中国各地均有栽培，有时亦为野生。全世界各地栽培。
【生　　境】生长于荒地、坡地、房前屋后、田坎。
【饲用价值】茎叶组织比较柔软，宜作家畜的多汁饲料。种子蛋白质含量高，可作家畜和家禽的蛋白饲料。
【其他用途】可药用，有滋补之功效。花前肉质茎与叶片可作营养蔬菜食用。可作盆栽以供观赏，也可作为姿态各异的鲜切花，其干花可作装饰。

绿穗苋

【种　　名】绿穗苋

【科　　名】苋科

【属　　名】苋属

【学　　名】*Amaranthus hybridus* L.

【别　　名】任性菜、细长苋、平滑苋、平滑猪草、绿猪草、台湾苋

【生 活 型】一年生草本

【分　　布】陕西、河南、安徽、江苏、浙江、江西、湖南、湖北、四川、重庆、贵州等地。欧洲、北美洲、南美洲等地。

【生　　境】生长于海拔400~1 100 m的田野、旷地、路旁、水沟边、荒草地或山坡。

【饲用价值】茎叶组织比较柔软,宜作家畜的多汁饲料。

【其他用途】可药用,有补气除热、杀虫毒的功效,可利大小便、化虫、去寒热,能通血脉、逐瘀血,能抗氧化,降低血糖、血脂和胆固醇。具有很高的营养价值,是人类理想的食材之一。

老鸦谷

【种　　名】老鸦谷

【科　　名】苋科

【属　　名】苋属

【学　　名】*Amaranthus cruentus* L.

【别　　名】天雪米、鸦谷、繁穗苋

【生 活 型】一年生草本

【分　　布】中国各地栽培或野生。全世界广泛分布。

【生　　境】生长于海拔2 150 m以下的田野、旷地、路旁、水沟边、荒草地。

【饲用价值】是产量高、适口性好的优良猪饲料。

【其他用途】可作为一种食品营养添加剂,同时可供观赏。

苋

【种　　名】苋

【科　　名】苋科

【属　　名】苋属

【学　　名】*Amaranthus tricolor* L.

【别　　名】雁来红、老来少、三色苋、老少年
【生 活 型】一年生草本
【分　　布】中国各地均有栽培,有时亦为半野生。原产印度,亚洲南部、中部等地有分布。
【生　　境】生长于田野、旷地、路旁、水沟边、荒草地。
【饲用价值】可饲用。
【其他用途】根、果实可药用。茎叶可作为蔬菜食用。叶有各种颜色,可供观赏。

皱果苋

【种　　名】皱果苋
【科　　名】苋科
【属　　名】苋属
【学　　名】*Amaranthus viridis* L.
【别　　名】绿苋、野苋
【生 活 型】一年生草本
【分　　布】辽宁、吉林、黑龙江、山东、河南、陕西、湖北、湖南、广东、广西、江西、云南、重庆等地。原产非洲,现广泛分布在全球温带、亚热带和热带地区。
【生　　境】生长于海拔200~2 000 m的杂草地上或田野间。
【饲用价值】茎叶比较柔软,营养价值较高,是优良的青绿多汁饲料。适口性好,适于牛、羊、马等多种畜禽食用。
【其他用途】可作野菜食用。具有药用价值,有清热解毒、利尿止痛的功效。具有观赏价值。

凹头苋

【种　　名】凹头苋
【科　　名】苋科
【属　　名】苋属
【学　　名】*Amaranthus blitum* L.
【别　　名】野苋
【生 活 型】一年生草本
【分　　布】除内蒙古、宁夏、青海、西藏外,中国各省份广泛分布。欧洲、非洲北部、南美洲等地。
【生　　境】生长于田野、果园的杂草地上。
【饲用价值】茎叶可作猪饲料。
【其他用途】全草入药,用作缓和止痛、收敛、利尿、解热剂;种子有明目、利大小便、去寒热的功效;鲜根有清热解毒的功效。

血苋

【种　　名】血苋

【科　　名】苋科

【属　　名】血苋属

【学　　名】*Iresine herbstii* Hook. f. ex Lindl.

【别　　名】红洋苋、红叶苋

【生 活 型】多年生草本

【分　　布】江苏、上海、广东、广西、云南等地。原产巴西。

【生　　境】生长于房前屋后、园林用地、荒地。

【饲用价值】茎叶可饲用。

【其他用途】可为盆栽植物或花坛植物,以供观赏。可药用,叶茎入药,能清热解毒、调经止血,用于治疗细菌性痢疾、肠炎、痛经、月经不调、血崩、吐血、便血。也可食用。

锦绣苋

【种　　名】锦绣苋

【科　　名】苋科

【属　　名】莲子草属

【学　　名】*Alternanthera bettzickiana* (Regel) G. Nicholson

【别　　名】五色草、红草、红节节草、红莲子草

【生 活 型】多年生草本

【分　　布】中国各地均有栽培。原产巴西。

【生　　境】生长于房前屋后、园林用地、荒地。

【饲用价值】茎叶可饲用。

【其他用途】可药用,能清热解毒、凉血止血、消积逐瘀、清肝明目,治结膜炎、便血、痢疾。可观赏。可食用。由于叶片有多种颜色,可用于布置花坛。

喜旱莲子草

【种　　名】喜旱莲子草

【科　　名】苋科

【属　　名】莲子草属

【学　　名】*Alternanthera philoxeroides* (Mart.) Griseb.

【别　　名】革命草、水花生、空心苋、空心莲子草、长梗满天星、空心莲子菜、水蕹菜

【生 活 型】多年生草本

【分　　布】北京、江苏、浙江、江西、湖南、福建等地。原产巴西。

【生　　境】生长于海拔50 ~2 700 m的池沼、水沟边。

【饲用价值】茎叶可饲用,可作牛、兔和猪的饲料。

【其他用途】嫩茎叶可作蔬菜食用。可药用,全草入药,有清热利水、凉血解毒的功效。

莲子草

【种　　名】莲子草

【科　　名】苋科

【属　　名】莲子草属

【学　　名】*Alternanthera sessilis* (L.) R. Br. ex DC.

【别　　名】满天星、虾钳菜、白花仔、节节花、蟛蜞菊、水牛膝、水花生、线叶虾钳菜、狭叶莲子草

【生 活 型】多年生草本

【分　　布】安徽、江苏、浙江、江西、湖南、湖北、四川、云南、贵州、福建、台湾、广东、广西等地。印度、缅甸、越南、马来西亚、菲律宾等地。

【生　　境】生长于田边或沼泽、海边等潮湿处,村庄附近的草坡、水沟。

【饲用价值】嫩叶可饲用。

【其他用途】可药用,全植物入药,有散瘀消毒、清火退热的功效,治牙痛、痢疾,疗肠风、下血。

细穗藜

【种　　名】细穗藜

【科　　名】苋科

【属　　名】麻叶藜属

【学　　名】*Chenopodiastrum gracilispicum* (H. W. Kung) Uotila

【别　　名】无

【生 活 型】一年生草本

【分　　布】浙江、江苏、山东、江西、广东、湖南、湖北、河南、四川、陕西、甘肃等地。

【生　　境】生长于山坡草地、林缘、河边等处。

【饲用价值】茎叶可饲用。

【其他用途】未知。

杖藜

【种　　名】杖藜

【科　　名】苋科

【属　　名】藜属

【学　　名】*Chenopodium giganteum* D. Don

【别　　名】红盐菜

【生 活 型】一年生草本

【分　　布】甘肃、陕西、辽宁、河南、湖南、湖北、贵州、四川、云南、广西等地。

【生　　境】生长于路旁、田边及轻度盐碱地。

【饲用价值】茎叶可饲用。

【其他用途】嫩苗可作蔬菜食用,种子可食,茎秆可用于制作手杖。

藜

【种　　名】藜

【科　　名】苋科

【属　　名】藜属

【学　　名】*Chenopodium album* L.

【别　　名】落藜、胭脂菜、灰藜、灰蓼头草、灰菜

【生 活 型】一年生草本

【分　　布】中国各省份。全球温带及热带地区。

【生　　境】生长于路旁、荒地及田间。

【饲用价值】茎叶可喂家畜。

【其他用途】全草可入药,能止泻痢、止痒,可治痢疾腹泻。幼苗可作蔬菜食用。

灰绿藜

【种　　名】灰绿藜

【科　　名】苋科

【属　　名】红叶藜属

【学　　名】*Oxybasis glauca* (L.) S. Fuentes, Uotila & Borsch

【别　　名】翻白藜、小灰菜、盐灰菜

【生 活 型】一年生草本

【分　　布】我国除台湾、福建、江西、广东、广西、贵州、云南外，其他各地都有分布。南北半球的温带。

【生　　境】生长于农田、菜园、村旁及水边等轻度盐碱的土壤上。

【饲用价值】可饲用，幼嫩植株可作猪饲料。

【其他用途】可药用。叶中富含蛋白质，可作饲料添加剂和人类食品添加剂。在盐碱地种植灰绿藜可降低土壤含盐量，增加土壤的有机质，起到明显改良土壤的作用。

小藜

【种　　名】小藜

【科　　名】苋科

【属　　名】藜属

【学　　名】*Chenopodium ficifolium* Sm.

【别　　名】灰菜、灰苋头、鹤顶草、灰菜头、灰灰苋、灰藜、灰条、灰苋、小叶黎、野灰苋、野苋菜、苦落藜

【生 活 型】一年生草本

【分　　布】北京、黑龙江、吉林、辽宁、内蒙古、河北、山东、河南、山西、陕西、宁夏、甘肃、青海、新疆、安徽、江苏、江西、湖南、湖北、四川、重庆、贵州、云南、台湾、福建、广东、广西、海南等地。亚洲中部、欧洲等地。

【生　　境】生长于荒地、路旁等处。

【饲用价值】茎叶可饲用，可供放牧、作青贮饲料。

【其他用途】可药用，能祛湿解毒、缓泻、止齿痛、消肿胀、疏风清热、杀虫，用于治疗风热感冒、腹泻痢疾、疮疡肿毒、疥癣瘙痒、荨麻疹、白癜风、虫咬伤。可改良土壤，增加地面覆盖，减少土壤蒸发。

地肤

【种　　名】地肤

【科　　名】苋科

【属　　名】沙冰藜属

【学　　名】*Bassia scoparia* (L.) A. J. Scott

【别　　名】扫帚苗、扫帚菜、孔雀松、观音菜、碱地肤、地麦、落帚

【生 活 型】一年生草本

【分　　布】欧洲及亚洲等地。

【生　　境】生长于田边、路旁、荒地等处。

【饲用价值】茎叶可饲用。

【其他用途】幼苗可作蔬菜食用。果实称“地肤子”，为常用中药，能清湿热、利尿，治尿痛、尿急、小便不利及荨麻疹，外用治皮肤肤癣及阴囊湿疹。种子含油15%，可供食用及工业用。老株可以用来做扫帚。

莙荙菜

【种　　名】莙荙菜

【科　　名】苋科

【属　　名】甜菜属

【学　　名】*Beta vulgaris* var. *cicla* L.

【别　　名】猪乸菜、海白菜、红叶甜菜、牛皮菜、红牛皮菜、红恭菜、紫叶甜菜、厚皮菜、红柄恭菜、紫菠菜、红色莙荙菜

【生 活 型】多年生草本

【分　　布】中国长江流域及其以南地区等。

【生　　境】生长于田边、路旁、荒地等处。

【饲用价值】茎叶可饲用，猪甚喜食。幼嫩的茎叶可喂肉鸡，老化后可喂牛。

【其他用途】可药用，具有行瘀止血、降血脂的功效。

荨麻科 Urticaceae

艾麻

【种　　名】艾麻

【科　　名】荨麻科

【属　　名】艾麻属

【学　　名】*Laportea cuspidata*（Wedd.）Friis

【别　　名】蝎子草、红火麻、红线麻

【生 活 型】多年生草本

【分　　布】河北、山西、河南、安徽、江西、湖南、湖北、陕西、甘肃、四川、贵州、广西、云南、西藏等地。日本和缅甸等地。

【生　　境】生长于海拔800~2 700 m的山坡林下或沟边。

【饲用价值】茎叶可饲用。

【其他用途】其韧皮纤维可制绳索。根可药用，有祛风湿、解毒消肿之效。

假楼梯草

【种　　名】假楼梯草

【科　　名】荨麻科

【属　　名】假楼梯草属

【学　　名】*Lecanthus peduncularis*（Wall. ex Royle）Wedd.

【别　　名】长梗盘花麻、头花荨麻、水苋菜

【生 活 型】多年生草本

【分　　布】西藏、云南、四川、湖南、广西、广东、江西、福建和台湾等地。印度、尼泊尔、印度尼西亚、斯里兰卡和埃塞俄比亚等地。

【生　　境】生长于海拔1 300~2 700 m的山谷林下阴湿处。

【饲用价值】茎叶可饲用。

【其他用途】可药用，能润肺止咳，治疗阴虚发热、肺结核。

楼梯草

【种　　名】楼梯草

【科　　名】荨麻科

【属　　名】楼梯草属

【学　　名】*Elatostema involucratum* Franch. & Sav.

【别　　名】半边伞、养血草、冷草

【生 活 型】多年生草本

【分　　布】陕西、甘肃、江苏、安徽、浙江、江西、福建、湖北、湖南、广东、广西、四川、贵州、云南、河南、西藏、台湾等地。日本等地。

【生　　境】生长于海拔200~2 000 m的沟边、灌丛中、林中、山顶、山谷林下、山谷石上、山谷阴湿地、山坡阴处、山坡石上。

【饲用价值】该种为中国植物图谱数据库收录的有毒植物,其根茎有毒。

【其他用途】可药用,能清热除湿、活血散瘀、解毒消肿、利水,可用于治疗湿热所致的腹痛、风湿性关节炎、痢疾、黄疸、风湿疼痛、骨折、痈疖肿毒、全身水肿、小便不利等症状。

多序楼梯草

【种　　名】多序楼梯草

【科　　名】荨麻科

【属　　名】楼梯草属

【学　　名】*Elatostema macintyrei* Dunn

【别　　名】青叶楼梯草、大青叶

【生 活 型】亚灌木

【分　　布】西藏、云南、四川、贵州、广西、广东等地。泰国、越南等地。

【生　　境】生长于海拔170~2 000 m的山谷林中、沟边阴处。

【饲用价值】茎叶可饲用。

【其他用途】可药用,能清热凉肝、润肺止咳。

长圆楼梯草

【种　　名】长圆楼梯草

【科　　名】荨麻科

【属　　名】楼梯草属

【学　　名】*Elatostema oblongifolium* S. H. Fu ex W. T. Wang
【别　　名】无
【生 活 型】多年生草本
【分　　布】贵州、四川、湖南、湖北、广西、云南等地。
【生　　境】生长于海拔450~900 m的低山山谷阴湿处。
【饲用价值】茎叶可饲用。
【其他用途】可药用，能消肿止痛、清热解毒，可治骨折、扭伤肿痛、疮肿、风热感冒。

梨序楼梯草

【种　　名】梨序楼梯草
【科　　名】荨麻科
【属　　名】楼梯草属
【学　　名】*Elatostema ficoides* Wedd.
【别　　名】无
【生 活 型】多年生草本
【分　　布】广西、贵州、四川、云南等地。尼泊尔、印度等地。
【生　　境】生长于海拔900~2 000 m的山谷林、灌丛、沟边阴湿处或石上。
【饲用价值】茎叶可饲用。
【其他用途】未知。

短齿楼梯草

【种　　名】短齿楼梯草
【科　　名】荨麻科
【属　　名】楼梯草属
【学　　名】*Elatostema brachyodontum* (Hand.-Mazz.) W. T. Wang
【别　　名】倒老嫩
【生 活 型】多年生草本
【分　　布】广西、贵州、湖南、四川、湖北等地。越南等地。
【生　　境】生长于海拔500~1 100 m的山谷林中、沟边石上。
【饲用价值】茎叶可饲用。
【其他用途】可药用，能祛风湿、散瘀肿，主治风湿热痹、目赤肿痛、黄疸、跌打骨折。

南川楼梯草

【种　　名】南川楼梯草

【科　　名】荨麻科

【属　　名】楼梯草属

【学　　名】*Elatostema nanchuanense* W. T. Wang

【别　　名】无

【生 活 型】多年生草本

【分　　布】重庆、湖北等地。

【生　　境】生长于海拔600~1 200 m的山谷阴处。

【饲用价值】茎叶可饲用。

【其他用途】可药用，能清热解毒、祛风除湿、利水消肿、活血止痛，主治赤白痢疾、高热惊厥、黄疸、风湿痹痛、水肿、淋证、经闭、疮肿、痄腮（腮腺炎）、带状疱疹、毒蛇咬伤、跌打损伤、骨折。

多脉楼梯草

【种　　名】多脉楼梯草

【科　　名】荨麻科

【属　　名】楼梯草属

【学　　名】*Elatostema pseudoficoides* W. T. Wang

【别　　名】无

【生 活 型】多年生草本

【分　　布】湖北、四川、云南等地。

【生　　境】生长于海拔1 200~2 200 m的山谷林中、林边或溪边。

【饲用价值】茎叶可饲用。

【其他用途】可药用，能清热解毒、祛风除湿、利水消肿、活血止痛，主治赤白痢疾、高热惊厥、黄疸、风湿痹痛、水肿、淋证、经闭、疮肿、痄腮、带状疱疹、毒蛇咬伤、跌打损伤、骨折。

拟骤尖楼梯草

【种　　名】拟骤尖楼梯草

【科　　名】荨麻科

【属　　名】楼梯草属

【学　　名】*Elatostema subcuspidatum* W. T. Wang

【别　　名】无

【生 活 型】 多年生草本

【分　　布】 重庆等地。

【生　　境】 生长于海拔1 600 m左右的山地。

【饲用价值】 茎叶可饲用。

【其他用途】 有药用价值，能清热解毒、祛风除湿、利水消肿、活血止痛，主治赤白痢疾、高热惊厥、黄疸、风湿痹痛、水肿、淋证、经闭、疮肿、痄腮、带状疱疹、毒蛇咬伤、跌打损伤、骨折。

长梗楼梯草

【种　　名】 长梗楼梯草

【科　　名】 荨麻科

【属　　名】 楼梯草属

【学　　名】 *Elatostema longipes* W. T. Wang

【别　　名】 埃利亚草

【生 活 型】 多年生草本

【分　　布】 四川、重庆等地。

【生　　境】 生长于海拔1 280 m左右的山地阴湿处的石上。

【饲用价值】 茎叶可饲用。

【其他用途】 有药用价值，能清热解毒、祛风除湿、利水消肿、活血止痛，主治赤白痢疾、高热惊厥、黄疸、风湿痹痛、水肿、淋证、经闭、疮肿、痄腮、带状疱疹、毒蛇咬伤、跌打损伤、骨折。

小叶楼梯草

【种　　名】 小叶楼梯草

【科　　名】 荨麻科

【属　　名】 楼梯草属

【学　　名】 *Elatostema parvum* (Blume) Miq.

【别　　名】 绒茎楼梯草、西南楼梯草

【生 活 型】 多年生草本

【分　　布】 云南、四川、贵州、广西、广东、台湾等地。

【生　　境】 生长于海拔1 000~2 800 m的山地林下、石上或沟边。

【饲用价值】 茎叶可饲用。

【其他用途】 有药用价值，全草可入药，能清热解毒、祛风除湿、利水消肿、活血止痛，主治赤白痢疾、高热惊厥、黄疸、风湿痹痛、水肿、淋证、经闭、疮肿、带状疱疹、毒蛇咬伤、跌打损伤、骨折、急性细菌性痢疾、风湿关节肿痛。

对叶楼梯草

【种　　名】对叶楼梯草

【科　　名】荨麻科

【属　　名】楼梯草属

【学　　名】*Elatostema sinense* H. Schroet.

【别　　名】三裂楼梯草

【生 活 型】多年生草本

【分　　布】云南、广西、贵州、四川、湖北、湖南、江西、福建等地。

【生　　境】生长于海拔500~2 800 m的山谷沟边阴处或密林中。

【饲用价值】茎叶可饲用。

【其他用途】可药用，主治赤白痢疾、高热惊厥、黄疸、风湿痹痛、水肿、经闭、疮肿、痄腮、带状疱疹、毒蛇咬伤、跌打损伤、骨折。

酉阳楼梯草

【种　　名】酉阳楼梯草

【科　　名】荨麻科

【属　　名】楼梯草属

【学　　名】*Elatostema youyangense* W. T. Wang

【别　　名】无

【生 活 型】多年生草本

【分　　布】重庆等地。

【生　　境】生长于海拔约1 300 m的山地。

【饲用价值】茎叶可饲用。

【其他用途】全草可药用，能清热解毒、祛风除湿、利水消肿、活血止痛，主治赤白痢疾、高热惊厥、黄疸、风湿痹痛、水肿、经闭、疮肿、痄腮、带状疱疹、毒蛇咬伤、跌打损伤、骨折。

伏毛楼梯草

【种　　名】伏毛楼梯草

【科　　名】荨麻科

【属　　名】楼梯草属

【学　　名】*Elatostema strigulosum* W. T. Wang

【别　　名】赤水楼梯草
【生 活 型】多年生草本
【分　　布】贵州等地。
【生　　境】生长于海拔约750 m的低山沟边潮湿处。
【饲用价值】茎叶可饲用。
【其他用途】可药用，能清热除湿、活血散瘀、解毒消肿，主治湿热所致的腹痛、风湿性关节炎、痢疾、黄疸、风湿疼痛、骨折、痈疖肿毒、全身水肿、小便不利。另外，具有观赏价值。

水苎麻

【种　　名】水苎麻
【科　　名】荨麻科
【属　　名】苎麻属
【学　　名】*Boehmeria macrophylla* Hornem.
【别　　名】水麻、长叶苎麻、长叶苧麻、大叶苎麻、米顶心、水细麻、水苧麻、折听藤、折折藤
【生 活 型】多年生草本
【分　　布】广东、海南、广西、贵州、云南、西藏等地。越南、缅甸、尼泊尔、印度等地。
【生　　境】生长于海拔1 800~3 000 m的山地林下或沟边。
【饲用价值】茎叶可饲用。
【其他用途】可用于做人造棉，纺纱，制绳索，织麻袋等。全草可作兽药，治牛软脚症等。

序叶苎麻

【种　　名】序叶苎麻
【科　　名】荨麻科
【属　　名】苎麻属
【学　　名】*Boehmeria clidemioides* var. *diffusa*（Wedd.）Hand.-Mazz.
【别　　名】水苎麻、水苏麻、合麻仁、野麻藤、米麻
【生 活 型】多年生草本
【分　　布】甘肃、陕西、云南、贵州、广西、广东、湖北、江西、福建、浙江、安徽等地。越南、老挝、缅甸、印度、尼泊尔等地。
【生　　境】生长于丘陵或低山山谷林中、林边、灌丛中、草坡或溪边，山坡灌丛中或溪边。
【饲用价值】茎叶可饲用。
【其他用途】全草或根可药用。

赤麻

【种　　名】赤麻

【科　　名】荨麻科

【属　　名】苎麻属

【学　　名】*Boehmeria silvestrii*（Pamp.）W. T. Wang

【别　　名】三裂苎麻、线麻

【生 活 型】多年生草本

【分　　布】四川、湖北、甘肃、陕西、河南、河北、山东、辽宁、吉林等地。朝鲜和日本等地。

【生　　境】生长于海拔700~1 400 m的丘陵、低山草坡、山谷石边阴处或沟边。

【饲用价值】茎叶可饲用。

【其他用途】可油用和麻用，用于纺织麻布、造纸，做绳索、麻线等。可药用，能祛风止痒、清热、降逆、活血，主治风疹、皮肤瘙痒、痔疮、风湿麻木、跌打损伤、高血压等症状。

细野麻

【种　　名】细野麻

【科　　名】荨麻科

【属　　名】苎麻属

【学　　名】*Boehmeria gracilis* C. H. Wright

【别　　名】麦麸草、野线麻、红棉麻、红线麻、小赤麻、小苎麻、野麻、野苎麻、拔力麻、东北苎麻、东北苧麻、宽叶荨麻、猫尾巴蒿、拟伏麻、水麻叶、细梗野苎麻、细穗苎麻、细叶野麻

【生 活 型】多年生草本

【分　　布】贵州、湖南、江西、福建、浙江、安徽、湖北、四川、陕西、河南、山西、山东、河北、辽宁、吉林等地。朝鲜、日本等地。

【生　　境】生长于丘陵或低山草坡、石上、沟边、灌丛中。

【饲用价值】幼嫩枝条、茎叶可饲用。

【其他用途】其茎皮纤维坚韧，可作制作纸、绳索、人造棉等的原料。全草可药用，治皮肤发痒、湿毒等症状。

密球苎麻

【种　　名】密球苎麻

【科　　名】荨麻科

【属　　名】苎麻属

【学　　名】*Boehmeria densiglomerata* W. T. Wang
【别　　名】土麻仁、野紫苏、厚穗荨麻、密球苎麻
【生 活 型】多年生草本
【分　　布】云南、四川、湖南、贵州、广西、广东、江西、福建等地。
【生　　境】生长于海拔250~1 100 m的山谷沟边或林中。
【饲用价值】可饲用。
【其他用途】可药用,可祛湿。

苎麻

【种　　名】苎麻
【科　　名】荨麻科
【属　　名】苎麻属
【学　　名】*Boehmeria nivea*（L.）Gaudich.
【别　　名】野麻、白叶苎麻、白麻、半藤、大麻、箍骨散、果伴、家麻、家苎麻、苦麻、麻仔、青麻、山麻叶、山苎、天青地白、野线麻、野苎麻、野苧麻、油麻、元麻、园麻、圆麻、猪菜、竹麻、苎仔、苧、苧麻、苧麻根、苧麻头、苧仔、钻地风、白背苎麻、白苎麻、红麻、绿麻、绿苧、麻、宁麻、荨麻、青苧麻、山坠、乌龙麻、野火麻、野苎、苎根、苎麻根、钻骨风
【生 活 型】多年生草本
【分　　布】云南、贵州、广西、广东、福建、江西、台湾、浙江、湖北、四川、甘肃、陕西、河南等地。越南、老挝等地。
【生　　境】生长于海拔200~1 700 m的山谷林边或草坡。
【饲用价值】嫩叶可养蚕,可饲用。
【其他用途】种子可榨油,用于制肥皂和食用。可织布,可造纸。具有药用价值,叶为止血剂,治创伤出血,根叶并用治急性淋浊、尿道炎出血等症状。

水麻

【种　　名】水麻
【科　　名】荨麻科
【属　　名】水麻属
【学　　名】*Debregeasia orientalis* C. J. Chen
【别　　名】柳莓、比满、沟边木、假密蒙、折骨藤、水细麻、水玄麻、赤麻、东方水麻、冬里麻、沙连泡、水冬瓜、水麻柳、水麻泡、水麻桑、水麻叶、小叶水麻、野麻、假水麻
【生 活 型】多年生草本

【分　　布】西藏、云南、广西、贵州、四川、甘肃、陕西、湖北、湖南、台湾等地。日本等地。
【生　　境】生长于海拔300~2 800 m的山坡溪边。
【饲用价值】叶可作饲料。
【其他用途】果可食用。可药用，具有消积、解毒之功效，用于治疗小儿疳积、小儿头疮、中耳炎。

大叶苎麻

【种　　名】大叶苎麻
【科　　名】荨麻科
【属　　名】苎麻属
【学　　名】*Boehmeria longispica* Steud.
【别　　名】山麻、野苎麻、长穗苎麻、长穗苧麻、长叶苎麻、长叶苧麻、大蛮婆草、大叶水麻叶、野线麻、火麻风、山苎麻、野苧麻
【生 活 型】多年生草本
【分　　布】台湾、山东、河南、陕西、江苏、安徽、浙江、湖北、湖南、四川、贵州、江西、福建、广东、广西等地。日本等地。
【生　　境】生长于海拔300~600 m的丘陵或低山山地灌丛中、疏林中、田边或溪边。
【饲用价值】叶量大，其嫩叶在切碎或打浆后为猪、禽所喜食。牛、羊食其嫩叶，其他牲畜很少采食。可制成干草或青贮料，也可用于制作配合饲料，是畜禽的良质饲草。
【其他用途】其茎皮纤维可代麻，用于纺织麻布。有药用价值，能清热解毒、消肿，治疥疮。可作工业原料。是有利于水土保持的优良植物。

长叶水麻

【种　　名】长叶水麻
【科　　名】荨麻科
【属　　名】水麻属
【学　　名】*Debregeasia longifolia*（Burm. F.）Wedd.
【别　　名】麻叶树、水珠麻
【生 活 型】多年生草本
【分　　布】西藏、云南、广西、广东、贵州、四川、陕西、甘肃、湖北等地。印度、尼泊尔、不丹、斯里兰卡、缅甸、越南、老挝、马来西亚、菲律宾等地。
【生　　境】生长于海拔500~3 200 m的山谷、溪边两岸灌丛中和森林中的湿润处，有时在向阳干燥处也可生长。
【饲用价值】茎叶可饲用。
【其他用途】可药用，具有祛风止咳、清热利湿之功效，主治伤风感冒、咳嗽、热痹、膀胱炎、无名肿毒、牙痛。

荨麻

【种　　名】荨麻

【科　　名】荨麻科

【属　　名】荨麻属

【学　　名】*Urtica fissa* E. Pritz.

【别　　名】裂叶荨麻、白蛇麻、火麻、蛇麻草、透骨风、白活麻

【生 活 型】多年生草本

【分　　布】安徽、浙江、福建、广西、湖南、湖北、河南、陕西、甘肃、四川、贵州、云南等地。越南等地。

【生　　境】生长于海拔100~2 000 m的山坡、路旁或住宅旁半阴湿处。

【饲用价值】叶和嫩枝煮后可作饲料。

【其他用途】全草入药，有祛风除湿和止咳之效。其茎皮纤维可供纺织用。

小果荨麻

【种　　名】小果荨麻

【科　　名】荨麻科

【属　　名】荨麻属

【学　　名】*Urtica atrichocaulis* (Hand.-Mazz.) C. J. Chen

【别　　名】无刺茎荨麻、秃茎荨麻、细荨麻、小苎麻

【生 活 型】多年生草本

【分　　布】贵州、四川和云南等地。

【生　　境】生长于海拔300~2 600 m的山脚路旁、山谷或沟边。

【饲用价值】茎叶可饲用。

【其他用途】可药用，有祛风镇惊、散瘀活血、舒筋活络的功效，用于治疗小儿高热惊厥、痘疹不透、跌打损伤、风湿骨痛。

宽叶荨麻

【种　　名】宽叶荨麻

【科　　名】荨麻科

【属　　名】荨麻属

【学　　名】*Urtica laetevirens* Maxim.

【别　　名】螫麻子、哈拉海、齿叶荨麻、蝎子草、痒痒草、荨麻、虎麻草

【生 活 型】多年生草本

【分　　布】辽宁、黑龙江、吉林、内蒙古、山西、河北、山东、河南、陕西、甘肃、青海、安徽、四川、湖北、湖南、云南和西藏等地。日本、朝鲜和俄罗斯等地。

【生　　境】生长于海拔1 200~3 700 m的山谷溪边或山坡林下阴湿处。

【饲用价值】茎叶营养价值高，是一种优质的畜禽饲料。秋季常被割晒、贮存作为马、牛、驼、羊、猪及家禽越冬的补饲用草或饲料。

【其他用途】可药用，全草入药，具有祛风除湿、解痉活血等功效。可用作生物肥料，可用于纺织、造纸，制作牙膏、漱口液等。可食用。

齿叶荨麻

【种　　名】齿叶荨麻（亚种）

【科　　名】荨麻科

【属　　名】荨麻属

【学　　名】*Urtica laetevirens* Maxim. subsp. *dentata*（Hand.-Mazz.）C. J. Chen

【别　　名】齿叶蛇麻

【生 活 型】多年生草本

【分　　布】湖南、湖北、陕西、甘肃、青海、四川、云南、西藏等地。

【生　　境】生长于海拔1 200~2 600 m的山坡林下、溪谷阴湿处。

【饲用价值】茎叶可饲用。

【其他用途】可药用，能祛风除湿、利水消肿，治疗风湿关节痛、水肿。

罂粟科 Papaveraceae

血水草

【种　　名】血水草

【科　　名】罂粟科

【属　　名】血水草属

【学　　名】*Eomecon chionantha* Hance

【别　　名】水黄莲、广扁线、捆仙绳、鸡爪莲、金腰带、片莲、扒山虎、黄水草、见血参、兜蓬莱、雪花罂粟、斗蓬草、马蹄草、金手圈

【生 活 型】多年生草本

【分　　布】安徽、浙江、江西、福建、广东、广西、湖南、湖北、四川、重庆、贵州、云南等地。

【生　　境】生长于海拔 1 400~1 800 m 的林下、灌丛下或溪边、路旁，常成片生长。

【饲用价值】茎叶可饲用。

【其他用途】全草入药，治劳伤咳嗽、跌打损伤、毒蛇咬伤、便血、痢疾等症状。

牻牛儿苗科 Geraniaceae

尼泊尔老鹳草

【种　　名】尼泊尔老鹳草

【科　　名】牻牛儿苗科

【属　　名】老鹳草属

【学　　名】*Geranium nepalense* Sweet

【别　　名】金川老鹳草、少花老鹳草、五叶草、老鹳草、短嘴老鹳草、白花地丁、东亚老鹳草、短咀老鹳草、高山老鹳、狗脚血竭、贯筋、鹳草、老官草、老贯筋、老鹳嘴、老牛筋、老鸦嘴、牻牛儿苗、猫脚印、南老鹳草、破铜钱、水药、四川老鹳草、铁灯碗、五瓣草、野麻、野棉花、紫地榆、短喙老鹳草、狗足迹草、郭三梨、老鹰爪、猫脚迹、猫爪草、尼泊尔老鹤草、尼泊尔老莴鹳草、瘙疙瘩、污畔哂、五朵云、五味草、亚擦波腊

【生 活 型】多年生草本

【分　　布】陕西、湖北、四川、重庆、贵州、云南、西藏、河北、北京、甘肃、青海、江西、湖南、广西等地。孟加拉国、尼泊尔等地。

【生　　境】生长于山地阔叶林林缘、灌丛、荒山草坡。

【饲用价值】茎叶可饲用。

【其他用途】可药用，全草入药，具有强筋骨、祛风湿、收敛和止泻之效。

汉荭鱼腥草

【种　　名】汉荭鱼腥草

【科　　名】牻牛儿苗科

【属　　名】老鹳草属

【学　　名】*Geranium robertianum* L.

【别　　名】臭草、风尾小贯众、汉红鱼腥草、红老鹳草、老精官草、猫脚印、石岩酸角草、水药、纤细花鹳草、岩细辛、狗脚血竭、旱红鱼腥草、旱荭鱼腥草、纤细老鹳草

【生 活 型】一年生草本

【分　　布】我国西南、华中、华东等地区。俄罗斯、朝鲜、日本等地。

【生　　境】生长于山地林下、岩壁、沟坡和路旁等。

【饲用价值】茎叶可饲用。

【其他用途】可药用，能祛风除湿、散瘀消肿、活血脉、通脉络，可用于治疗风湿关节痛、肢体麻木、跌打损伤、疮疖、蛇狗咬伤。

鼠掌老鹳草

【种　　名】鼠掌老鹳草

【科　　名】牻牛儿苗科

【属　　名】老鹳草属

【学　　名】*Geranium sibiricum* L.

【别　　名】鼠掌草、西伯利亚老鹳草、风露草、鹌鹑咀、鹌鹑鸟嘴、鸲子草、鸲子咀、白毫草、白毫花、短咀老鹳草、公藤、贯筋、块根牻牛儿苗、老鸹筋、老鸹头、老鸹嘴、老鹳筋、老鹳咀、老乌嘴、老鸦草、绵绵牛、老观草、鼠掌老鹤草、太阳花、五齿耙 、西比日、西木德格来、西伯利亚牻牛儿苗、仙鹤咀、鲜卑老鹳草、鲜红草、小老鸹嘴子、小老鹳筋

【生 活 型】多年生草本

【分　　布】我国东北、华北、西北、西南等地区。俄罗斯、蒙古国、朝鲜和日本等地。

【生　　境】生长于林缘、疏灌丛、河谷草甸。

【饲用价值】茎秆细、叶量多，质地柔软，适口性良好；其青草或干草，各类牲畜均采食。青绿或开花后羊喜食，马和牛乐食，枯黄后各类牲畜仍采食。干枯后叶片易破碎，冬季残留差，可于夏秋季节放牧利用。

【其他用途】全草可入药，能治疗风湿、跌打损伤、神经痛、疱疹性角膜炎等症，可保护肝脏、预防癌症、抗菌、抗病毒。

鄂西老鹳草

【种　　名】鄂西老鹳草

【科　　名】牻牛儿苗科

【属　　名】老鹳草属

【学　　名】*Geranium wilsonii* Knuth

【别　　名】血见愁、老鹳草、南川老鹳草、破血草、破血子

【生 活 型】多年生草本

【分　　布】湖北、河南、重庆等地。

【生　　境】生长于海拔 1 500~1 800 m 的山地、沟谷阴湿处。

【饲用价值】茎叶可饲用。

【其他用途】可药用，能治疗风湿、跌打损伤、湿疹、腹泻、神经痛等病症。

湖北老鹳草

【种　　名】湖北老鹳草
【科　　名】牻牛儿苗科
【属　　名】老鹳草属
【学　　名】*Geranium rosthornii* R. Knuth
【别　　名】破骨风、掌裂老鹳草、金佛山老鹳草、杜氏老鹳草
【生 活 型】多年生草本
【分　　布】山东、河南、安徽、湖北、陕西、甘肃、四川、贵州、云南等地。
【生　　境】生长于海拔1 600~2 400 m的山地林下和山坡草丛。
【饲用价值】根茎可饲用。
【其他用途】可用于园林绿化等。

灰岩紫地榆

【种　　名】灰岩紫地榆
【科　　名】牻牛儿苗科
【属　　名】老鹳草属
【学　　名】*Geranium franchetii* R. Knuth
【别　　名】光托紫地榆、反毛老鹳草、腺灰岩紫地榆、圆齿老鹳草
【生 活 型】多年生草本
【分　　布】云南、四川、贵州和湖北等地。
【生　　境】生长于海拔约2 300 m的山地。
【饲用价值】茎叶可饲用。
【其他用途】根可入药，清热利湿，用于治疗肠炎、痢疾、消化不良、慢性胃炎、月经不调、鼻衄，外用治跌打损伤。

灰背老鹳草

【种　　名】灰背老鹳草
【科　　名】牻牛儿苗科
【属　　名】老鹳草属
【学　　名】*Geranium wlassovianum* Fischer ex Link
【别　　名】无
【生 活 型】多年生草本

【分　　布】辽宁、山西、河北、山东和内蒙古等地。俄罗斯、蒙古国、朝鲜等地。

【生　　境】生长于低、中山的山地草甸、林缘、河岸湿地、沼泽地等处。

【饲用价值】茎叶可饲用。

【其他用途】具有观赏价值，可植于花境、园路两侧、疏林下或篱栅四周。

老鹳草

【种　　名】老鹳草

【科　　名】牻牛儿苗科

【属　　名】老鹳草属

【学　　名】*Geranium wilfordii* Maxim.

【别　　名】鸭脚老鹳草、五叶草、老贯筋、老鹳嘴、见血愁、老观草、老鹤草、老鸦咀、老鸦嘴、越西老鹳草、具腺老鹳草、老牛筋

【生 活 型】多年生草本

【分　　布】黑龙江、吉林、辽宁、内蒙古、河北、河南、安徽、江苏、江西、湖南、湖北、贵州、福建、陕西、甘肃和四川等地。俄罗斯、朝鲜和日本等地。

【生　　境】生长于海拔1 800 m以下的低山林下、草甸。

【饲用价值】茎叶可饲用。

【其他用途】全草可药用，能祛风活血、清热解毒，治风湿疼痛、拘挛麻木、痈疽、跌打、肠炎、痢疾。可作地被植物。

牻牛儿苗

【种　　名】牻牛儿苗

【科　　名】牻牛儿苗科

【属　　名】牻牛儿苗属

【学　　名】*Erodium stephanianum* Willd.

【别　　名】太阳花

【生 活 型】多年生草本

【分　　布】黑龙江、吉林、辽宁、河北、河南、山东、安徽、江苏、浙江、湖北、江西、四川、贵州、云南、山西、陕西、甘肃、青海、内蒙古等地。俄罗斯、日本、蒙古国、哈萨克斯坦、阿富汗、尼泊尔等地。

【生　　境】生长于山坡、农田边、路旁、沙质河滩地、草原凹地。

【饲用价值】茎叶可饲用。

【其他用途】全草可药用，能祛风除湿、清热解毒、强筋骨、活血，可治肠炎痢疾、筋骨疼痛、腰扭伤、腹泻、月经不调等症。另外，全草可用于做黑色染料。嫩叶可食用。

蓼科 Polygonaceae

金荞麦

【种　　名】金荞麦

【科　　名】蓼科

【属　　名】荞麦属

【学　　名】*Fagopyrum dibotrys*（D. Don）Hara

【别　　名】苦荞麦、荞麦当归、荞麦三七、金锁银开、贼骨头、铁拳头、土茯苓、天荞麦、赤地利、透骨消、苦荞头、野桥荞麦、细柄荞麦、细梗荞麦、细茎荞麦、小荞麦、野荞麦

【生 活 型】多年生草本

【分　　布】我国华东、华中、华南及西南等地区。印度、尼泊尔、越南、泰国等地。

【生　　境】生长于海拔250~3 200 m的山谷湿地、山坡灌丛。

【饲用价值】茎叶可以作畜禽饲料，营养价值高，适口性好。

【其他用途】块根具有药用价值，可清热解毒、排脓祛瘀、活血化瘀、健脾利湿。

细柄野荞麦

【种　　名】细柄野荞麦

【科　　名】蓼科

【属　　名】荞麦属

【学　　名】*Fagopyrum gracilipes*（Hemsl.）Damm. ex Diels

【别　　名】细梗荞麦、细茎荞麦、小荞麦、野荞麦、细柄野荞、细梗野荞麦

【生 活 型】一年生草本

【分　　布】河南、陕西、甘肃、湖北、四川、云南及贵州等地。

【生　　境】生长于海拔300~3 400 m的山坡草地、山谷湿地、田埂、路旁。

【饲用价值】茎叶可饲用。

【其他用途】未知。

苦荞麦

【种　　名】苦荞麦
【科　　名】蓼科
【属　　名】荞麦属
【学　　名】*Fagopyrum tataricum*（L.）Gaertn.
【别　　名】苦荞
【生 活 型】一年生草本
【分　　布】我国东北、华北、西北、西南山区等地。亚洲、欧洲及美洲等地。
【生　　境】生长于海拔500~3 900 m的田边、路旁、山坡、河谷。
【饲用价值】茎叶可饲用。
【其他用途】根可药用，能理气止痛、健脾利湿。可食用。

红蓼

【种　　名】红蓼
【科　　名】蓼科
【属　　名】蓼属
【学　　名】*Persicaria orientalis*（L.）Spach
【别　　名】茳草、大蓼、大蓼吊子、东方蓼、狗尾巴吊、红蓼花、茳蓼、狼尾巴吊、狼尾子、蓼吊棵、蓼吊子、木蓼、水大蓼、水茳、水茳子、水茳花、水蓬棵、天蓼、川蓼子、茳草实、水红子、红草、大红蓼、狗尾巴花、阔叶蓼、水红花、水红花子
【生 活 型】一年生草本
【分　　布】除西藏外，中国各地广泛分布。朝鲜、日本、俄罗斯、菲律宾、印度等地。
【生　　境】生长于海拔30~2 700 m的沟边湿地、村边路旁。
【饲用价值】茎叶可饲用。
【其他用途】果实入药，名“水红花子”，有活血、止痛、消积、利尿的功效。可作驱虫药。可作观赏植物。

春蓼

【种　　名】春蓼
【科　　名】蓼科
【属　　名】蓼属
【学　　名】*Persicaria maculosa* Gray

【别　　名】桃叶蓼、多穗蓼、辣蓼子、红辣蓼
【生 活 型】一年生草本
【分　　布】我国东北、华北、西北、华中、西南等地区。欧洲、非洲及北美洲等地。
【生　　境】生长于海拔80~1 800 m的沟边湿地。
【饲用价值】全草可饲用。
【其他用途】可药用，全草辛，温，有发汗除湿、消食止泻之功效。

毛蓼

【种　　名】毛蓼
【科　　名】蓼科
【属　　名】蓼属
【学　　名】*Persicaria barbata*（L.）H. Hara
【别　　名】毛脉两栖蓼、冉毛蓼、茳草、毛辣蓼
【生 活 型】多年生草本
【分　　布】江西、湖北、湖南、台湾、福建、广东、海南、广西、四川、重庆、贵州及云南等地。印度、缅甸、菲律宾等地。
【生　　境】生长于海拔20~1 300 m的沟边湿地、水边。
【饲用价值】全草可饲用。
【其他用途】可药用，具有清热解毒、排脓生肌、活血、透疹等功效。

珠芽蓼

【种　　名】珠芽蓼
【科　　名】蓼科
【属　　名】拳参属
【学　　名】*Bistorta vivipara*（L.）Gray
【别　　名】猴娃七、山高粱、蝎子七、剪刀七、染布子
【生 活 型】多年生草本
【分　　布】我国东北、华北、西北及西南地区。朝鲜、日本、蒙古国、哈萨克斯坦、印度等地。
【生　　境】生长于海拔1 200~5 100 m的山坡林下、高山或亚高山草甸。
【饲用价值】草质柔软，营养价值较高。茎叶青鲜时绵羊、山羊乐食，马、牛可食，骆驼不食；果实成熟后富含蛋白质，是家畜催肥的良质饲料。
【其他用途】根茎可入药，能清热解毒、止血散瘀，主要治疗便血、崩漏、白带异常、痢疾、肠炎、咽喉炎、扁桃体炎等病症，同时也可以外敷治疗外伤出血、痈疖肿毒等症状。

细茎蓼

【种　　名】细茎蓼

【科　　名】蓼科

【属　　名】冰岛蓼属

【学　　名】*Koenigia filicaulis*（Wall. ex Meisn.）Hedberg

【别　　名】无

【生 活 型】一年生草本

【分　　布】四川、云南、西藏、台湾等地。印度、巴基斯坦、尼泊尔等地。

【生　　境】生长于海拔2 000~4 000 m的山坡草地、山谷灌丛。

【饲用价值】茎叶可饲用。

【其他用途】未知。

头花蓼

【种　　名】头花蓼

【科　　名】蓼科

【属　　名】蓼属

【学　　名】*Persicaria capitata*（Buch.-Ham. ex D. Don）H. Gross

【别　　名】草石椒

【生 活 型】多年生草本

【分　　布】江西、湖南、湖北、四川、贵州、广东、广西、云南及西藏等地。印度、尼泊尔、不丹、缅甸及越南等地。

【生　　境】生长于海拔600~3 500 m的山坡、山谷湿地，常成片生长。

【饲用价值】茎叶可饲用。

【其他用途】全草入药，治尿道感染、肾盂肾炎、痢疾、腹泻、尿血；外用治尿布疹、黄水疮。可作园林绿化植物。

圆穗蓼

【种　　名】圆穗蓼

【科　　名】蓼科

【属　　名】拳参属

【学　　名】*Bistorta macrophylla*（D. Don）Sojak

【别　　名】猴子七、头花蓼、拉冈、拉岗、迷丽

【生 活 型】多年生草本

【分　　布】河南、陕西、甘肃、青海、湖北、四川、云南、贵州和西藏等地。印度、尼泊尔、不丹等地。

【生　　境】生长于高山、亚高山草甸。

【饲用价值】适口性好，蛋白质含量较高，牛、马、绵羊、山羊等各种家畜均喜食。在花果期，花序甘甜可口，牦牛、绵羊更加喜食，是高山地区家畜秋膘育肥的优良牧草。

【其他用途】可药用，有清热、止泻、利水、行血祛瘀之效，治胃病、消化不良、肠热腹痛、腹泻、肾脏病、尿血、水肿、月经不调等。

尼泊尔蓼

【种　　名】尼泊尔蓼

【科　　名】蓼科

【属　　名】蓼属

【学　　名】*Persicaria nepalensis* (Meisn.) H. Gross

【别　　名】野荞麦、红眼巴、葫芦叶蓼、九龙盘、猫儿眼睛、山谷蓼、水荞麦、恩检莫、小猫眼、红脸巴、羊子草、野荞菜、沙滩蓼、头状蓼、头序蓼、野荞麦草、荞皮草、糯尺、红眼八、头花蓼、野猪草、野荞子、酸浆草

【生 活 型】一年生草本

【分　　布】除新疆外，全国各地广泛分布。朝鲜、日本、俄罗斯、阿富汗、巴基斯坦、印度、尼泊尔、菲律宾、印度尼西亚等地。

【生　　境】生长于海拔200~4 000 m的湿地、沟边、旱耕地及路边草丛，有时亦可生长在潮湿的岩石上。

【饲用价值】茎叶可饲用。

【其他用途】全草入药，可治肠炎及关节炎。

水蓼

【种　　名】水蓼

【科　　名】蓼科

【属　　名】蓼属

【学　　名】*Persicaria hydropiper* (L.) Spach

【别　　名】辣蓼、蔷、蔷虞、虞蓼、泽蓼、辣蓼草、柳蓼、川蓼、药蓼子草、红蓼子草、白辣蓼、胡辣蓼、辣柳草、撮期、辣子草、水红花、红辣蓼、水辣蓼

【生 活 型】一年生草本

【分　　布】中国各省份。朝鲜、日本、印度尼西亚、印度等地。

【生　　境】生长于海拔50~3 500 m的河滩、水沟边、山谷湿地。

【饲用价值】茎叶可饲用。

【其他用途】可药用，全草入药，能消肿解毒、利尿、止痢。在古代为常用的调味剂。

短毛金线草

【种　　名】短毛金线草

【科　　名】蓼科

【属　　名】蓼属

【学　　名】*Persicaria neofiliformis*（Nakai）Ohki

【别　　名】重阳柳、蟹壳草、毛蓼、白马鞭、人字草、九盘龙、毛血草、野蓼、一串红、蓼子七、化血七、大蓼子、九节风、大叶辣蓼、鸡心七

【生 活 型】多年生草本

【分　　布】我国华东、华中、华南及西南等地区。朝鲜、日本等地。

【生　　境】生长于海拔150~2 200 m的山坡林下、林缘、山谷湿地。

【饲用价值】茎叶可饲用。

【其他用途】全草可药用，味辛、苦，性凉，小毒，有抗菌消炎、凉血止血、清热利湿、散瘀止痛的功效，属祛风药、理气药、止痛药类，主治咯血、吐血、便血、血崩、泄泻、痢疾、胃痛、经期腹痛、产后血瘀痛、跌打损伤、风湿痹痛、疬、痈肿等症状。

羊蹄

【种　　名】羊蹄

【科　　名】蓼科

【属　　名】酸模属

【学　　名】*Rumex japonicus* Houtt.

【别　　名】金不换、牛大黄、牛舌大黄、牛舌条、牛舌头、牛舌头棵、土大黄、土当归、狭叶土大黄、蓄、癣草、盐癣草、羊舌头、羊蹄叶、野菠菜、野当归、绉叶酸模、败毒菜根、大舌头草、东方宿、鬼目、鸡脚大黄、连虫陆、牛耳大黄、牛舌菜、日本羊蹄、羊蹄苗、羊蹄酸模、野大黄、皱叶酸模

【生 活 型】多年生草本

【分　　布】我国东北、华北、华东、华中、华南、西南等地区。朝鲜、日本、俄罗斯等地。

【生　　境】生长于海拔30~3 400 m的沟边湿地、田边路旁、河滩。

【饲用价值】是含高蛋白质的饲用植物，多种畜禽喜食。

【其他用途】全草可药用，有凉血、解毒、清热、杀虫、润肠之效。可用于净化水体、绿化湿地。

长叶酸模

【种　　名】长叶酸模

【科　　名】蓼科

【属　　名】酸模属

【学　　名】*Rumex longifolius* DC.

【别　　名】直穗酸模

【生 活 型】多年生草本

【分　　布】我国东北、华北、西北、西南等地区。日本、俄罗斯等地。欧洲及北美洲等地。

【生　　境】生长于海拔50~3 000 m的山谷水边、山坡林缘。

【饲用价值】嫩茎、叶可作饲料，幼嫩时营养价值高，其粗蛋白含量与豆科牧草相当，牛、羊、猪喜食；结种后营养价值下降快。

【其他用途】全草外敷治皮肤病，内服解热、利大小便。其浸液可作农药。

皱叶酸模

【种　　名】皱叶酸模

【科　　名】蓼科

【属　　名】酸模属

【学　　名】*Rumex crispus* L.

【别　　名】土大黄、牛舌菜

【生 活 型】多年生草本

【分　　布】北京、黑龙江、吉林、辽宁、内蒙古、河北、山西、山东、河南、湖北、四川、重庆、贵州及云南等地。哈萨克斯坦、俄罗斯、蒙古国、朝鲜、日本等地。

【生　　境】生长于海拔30~2 500 m的河滩、沟边湿地。

【饲用价值】嫩茎、叶可作饲料，幼嫩时营养价值高，其粗蛋白含量与豆科牧草相当，牛、羊、猪采食；结种后营养价值下降快。

【其他用途】可药用，有清热解毒、止血、通便、杀虫之功效，主治鼻出血、子宫出血、血小板减少性紫癜、大便秘结等，外用治外痔、急性乳腺炎、黄大疮、疖肿、皮癣等。可抗真菌。

尼泊尔酸模

【种　　名】尼泊尔酸模

【科　　名】蓼科

【属　　名】酸模属

【学　　名】*Rumex nepalensis* Spreng.

【别　　名】土大黄、大叶酸模、羊蹄叶、山大黄、牛耳大黄、金不换

【生 活 型】多年生草本

【分　　布】陕西、甘肃、青海、湖南、湖北、江西、四川、广西、贵州、云南及西藏等地。伊朗、阿富汗、印度、巴基斯坦、尼泊尔、缅甸、越南、印度尼西亚等地。

【生　　境】生长于海拔1 000~4 300 m的山坡路旁、山谷草地。

【饲用价值】嫩茎、叶可作饲料，幼嫩时营养价值高，其粗蛋白含量与豆科牧草相当，牛、羊、猪采食；结种后营养价值下降快。

【其他用途】可药用，根、叶入药，能止血止痛、清热解毒、通便杀虫、祛瘀消肿。

钝叶酸模

【种　　名】钝叶酸模

【科　　名】蓼科

【属　　名】酸模属

【学　　名】*Rumex obtusifolius* L.

【别　　名】金不换、土大黄、绿当归、大晕药

【生 活 型】多年生草本

【分　　布】河北、山东、陕西、甘肃、江苏、浙江、江西、安徽、湖南、湖北及四川等地。欧洲、非洲等地。

【生　　境】生长于海拔50~1 100 m的田边路旁、沟边湿地。

【饲用价值】嫩茎、叶可作饲料，幼嫩时营养价值高，其粗蛋白含量与豆科牧草相当，牛、羊、猪采食。

【其他用途】可药用，能清热解毒、凉血止血、消瘀止痛，治热毒疮疡、无名肿毒、虫蛇咬伤、疥癣、血热妄行之咯血、跌打损伤、烫伤。

齿果酸模

【种　　名】齿果酸模

【科　　名】蓼科

【属　　名】酸模属

【学　　名】*Rumex dentatus* L.

【别　　名】牛舌草、羊蹄、齿果羊蹄、羊蹄大黄、土大黄、牛舌棵子、野甜菜、土王根、牛舌头棵、牛耳大黄

【生 活 型】一年生草本

【分　　布】我国华北、西北、华东、华中、西南等地区。尼泊尔、印度、阿富汗、哈萨克斯坦等地。

【生　　境】生长于海拔30~2 500 m的沟边湿地、山坡路旁。

【饲用价值】嫩茎、叶可作饲料，幼嫩时营养价值高，其粗蛋白含量与豆科牧草相当，牛、羊、猪采食。

【其他用途】可药用，能祛毒、清热、杀虫、治癣。

沼金花科 Nartheciaceae

肺筋草

【种　　名】肺筋草

【科　　名】沼金花科

【属　　名】肺筋草属

【学　　名】*Aletris spicata*（Thunb.）Franch.

【别　　名】金线吊白米、粉条儿菜

【生 活 型】多年生草本

【分　　布】江苏、浙江、安徽、江西、福建、台湾、广东、广西、湖南、湖北、河南、河北、山西、陕西和甘肃等地。日本等地。

【生　　境】生长于海拔350~2 500 m的山坡上、路边、灌丛边或草地上。

【饲用价值】茎叶可饲用。

【其他用途】根可药用，有润肺止咳、杀蛔虫、消疳等效。

报春花科 Primulaceae

管茎过路黄

【种　　名】管茎过路黄

【科　　名】报春花科

【属　　名】珍珠菜属

【学　　名】*Lysimachia fistulosa* Hand.-Mazz.

【别　　名】管茎落地梅、头顶一朵花

【生 活 型】一年生草本

【分　　布】江西、湖南、湖北、贵州、云南、广东、广西、四川等地。

【生　　境】生长于海拔500~1 650 m的山谷林下和路边。

【饲用价值】茎叶可饲用。

【其他用途】未知。

宜昌过路黄

【种　　名】宜昌过路黄

【科　　名】报春花科

【属　　名】珍珠菜属

【学　　名】*Lysimachia henryi* Hemsl.

【别　　名】金钱草、真金草、金银花、走游草、铺地莲

【生 活 型】多年生草本

【分　　布】四川、湖北等地。

【生　　境】生长于河边石缝、林中、路边、山坡草丛中、溪边等地。

【饲用价值】茎叶可饲用。

【其他用途】可药用，具有利水通淋、清热解毒、散瘀消肿、祛风散寒的功效，对感冒咳嗽、头痛身痛、腹泻等有治疗作用。

疏头过路黄

【种　　名】疏头过路黄

【科　　名】报春花科

【属　　名】珍珠菜属

【学　　名】*Lysimachia pseudohenryi* Pamp.

【别　　名】斗笠花、笠麻花、斑筒花、虎头黄、五莲花、时花草、四叶一枝花

【生 活 型】多年生草本

【分　　布】陕西、四川、湖北、河南、江西、安徽、浙江、湖南和广东等地。

【生　　境】生长于海拔1 500 m以下的山地林缘和灌丛中。

【饲用价值】茎叶可饲用。

【其他用途】可药用，能有效治疗肾结石。

叶头过路黄

【种　　名】叶头过路黄

【科　　名】报春花科

【属　　名】珍珠菜属

【学　　名】*Lysimachia phyllocephala* Hand.-Mazz.

【别　　名】姜黄草

【生 活 型】多年生草本

【分　　布】云南、四川、贵州、广西、湖南、湖北、江西、浙江等地。

【生　　境】生长于海拔600~2 600 m的阔叶林下和山谷溪边、路旁。

【饲用价值】茎叶可饲用。

【其他用途】可药用，具有利水通淋、清热解毒、散瘀消肿、祛风散寒的功效，对感冒咳嗽、头痛身痛、腹泻等有治疗作用。

点叶落地梅

【种　　名】点叶落地梅

【科　　名】报春花科

【属　　名】珍珠菜属

【学　　名】*Lysimachia punctatilimba* C. Y. Wu

【别　　名】无

【生 活 型】 多年生草本

【分 布】 云南、湖北等地。

【生 境】 生长于海拔1 300~1 800 m的山坡林下和溪边。

【饲用价值】 茎叶可饲用。

【其他用途】 可药用，具有利水通淋、清热解毒、散瘀消肿、祛风散寒的功效，对感冒咳嗽、头痛身痛、腹泻等有治疗作用。

大叶过路黄

【种 名】 大叶过路黄

【科 名】 报春花科

【属 名】 珍珠菜属

【学 名】 *Lysimachia fordiana* Oliv.

【别 名】 大叶排草

【生 活 型】 多年生草本

【分 布】 云南、广东、广西等地。

【生 境】 生长于海拔800 m以下的密林中和山谷溪边湿地。

【饲用价值】 茎叶可饲用。

【其他用途】 可药用，具有利水通淋、清热解毒、散瘀消肿、祛风散寒的功效，对感冒咳嗽、头痛身痛、腹泻等有治疗作用。

狭叶落地梅

【种 名】 狭叶落地梅

【科 名】 报春花科

【属 名】 珍珠菜属

【学 名】 *Lysimachia paridiformis* var. *stenophylla* Franch.

【别 名】 伞叶排草、破凉伞、背花草、灯台草、追风伞

【生 活 型】 多年生草本

【分 布】 云南、四川、贵州、湖南、广西、广东等地。

【生 境】 生长于海拔1 300~1 800 m的沟边林下和阴湿沟边、灌丛或密林下。

【饲用价值】 茎叶可饲用。

【其他用途】 可药用，具有利水通淋、清热解毒、散瘀消肿、祛风散寒的功效，对感冒咳嗽、头痛身痛、腹泻等有治疗作用。

落地梅

【种　　名】落地梅

【科　　名】报春花科

【属　　名】珍珠菜属

【学　　名】*Lysimachia paridiformis* Franch.

【别　　名】四块瓦、四大天王、四片瓦、四叶黄、红四块瓦、锐卡瓦、重楼排草、四儿风

【生 活 型】多年生草本

【分　　布】湖南、湖北、四川、贵州、云南、广东、广西等地。

【生　　境】生长于海拔1 400 m以下的山谷林下湿润处。

【饲用价值】茎叶可饲用。

【其他用途】全草入药，主治风热咳嗽、胃痛、风湿痛，外用治跌打损伤、毒蛇咬伤、疖肿等。

山罗过路黄

【种　　名】山罗过路黄

【科　　名】报春花科

【属　　名】珍珠菜属

【学　　名】*Lysimachia melampyroides* R. Knuth

【别　　名】女娄菜状过路黄

【生 活 型】多年生草本

【分　　布】四川、重庆、贵州、湖北、湖南、江西、广西等地。

【生　　境】生长于海拔650~1 200 m的山谷林缘和灌木丛中。

【饲用价值】茎叶可饲用。

【其他用途】可药用，能清热解毒、散瘀消肿、祛风散寒，治感冒咳嗽、头痛身痛、腹泻。

长柄过路黄

【种　　名】长柄过路黄

【科　　名】报春花科

【属　　名】珍珠菜属

【学　　名】*Lysimachia esquirolii* (H. Lév.) Lauener

【别　　名】无

【生 活 型】一年生草本

【分　　布】贵州等地。
【生　　境】生长于海拔700~800 m的山坡林下。
【饲用价值】茎叶可饲用。
【其他用途】可药用，能清热解毒、散瘀消肿、祛风散寒，治感冒咳嗽、头痛身痛、腹泻。

临时救

【种　　名】临时救
【科　　名】报春花科
【属　　名】珍珠菜属
【学　　名】*Lysimachia congestiflora* Hemsl.
【别　　名】聚花过路黄、黄花珠、九莲灯、大疮药、爬地黄
【生 活 型】多年生草本
【分　　布】浙江、江苏、湖南、湖北、四川、贵州、云南、陕西、甘肃和台湾等地。不丹、缅甸、越南等地。
【生　　境】生长于海拔2 100 m以下的水沟边、田埂上和山坡林缘、草地等湿润处。
【饲用价值】茎叶可饲用。
【其他用途】全草入药，治风寒头痛、咽喉肿痛、肾炎水肿、肾结石、小儿疳积、疔疮、毒蛇咬伤等症状。

南川过路黄

【种　　名】南川过路黄
【科　　名】报春花科
【属　　名】珍珠菜属
【学　　名】*Lysimachia nanchuanensis* C. Y. Wu ex F. H. Chen & C. M. Hu
【别　　名】无
【生 活 型】多年生草本
【分　　布】重庆等地。
【生　　境】生长于海拔1 600~1 850 m的林下。
【饲用价值】茎叶可饲用。
【其他用途】可药用，能清热解毒、散瘀消肿、祛风散寒，治感冒咳嗽、头痛身痛、腹泻等症状，有助于排结石。

过路黄

【种　　名】过路黄

【科　　名】报春花科

【属　　名】珍珠菜属

【学　　名】*Lysimachia christinae* Hance

【别　　名】金钱草、真金草、走游草、铺地莲

【生 活 型】多年生草本

【分　　布】云南、四川、贵州、陕西、河南、湖北、湖南、广西、广东等地。

【生　　境】生长于海拔2 300 m以下的沟边、路旁阴湿处和山坡林下。

【饲用价值】茎叶可饲用。

【其他用途】可药用，能清热解毒、利尿排石，可治胆囊炎、黄疸型肝炎、泌尿系统结石、肝胆结石、跌打损伤、毒蛇咬伤、毒蕈及药物中毒、化脓性炎症、烧烫伤。

点腺过路黄

【种　　名】点腺过路黄

【科　　名】报春花科

【属　　名】珍珠菜属

【学　　名】*Lysimachia hemsleyana* Maxim. ex Oliv.

【别　　名】女儿红、露天过路黄、露天金钱草

【生 活 型】多年生草本

【分　　布】陕西、江苏、安徽、浙江、江西、福建、河南、湖北、湖南、四川等地。

【生　　境】生长于海拔1 000 m以下的山谷林缘、溪旁和路边草丛中。

【饲用价值】茎叶可饲用。

【其他用途】可作观赏植物。具有药用价值，能清热解毒、散瘀消肿、祛风散寒，治感冒咳嗽、头痛身痛、腹泻。

阔叶假排草

【种　　名】阔叶假排草

【科　　名】报春花科

【属　　名】珍珠菜属

【学　　名】*Lysimachia petelotii* Merr.

【别　　名】茄花香草
【生 活 型】多年生草本
【分　　布】云南等地。
【生　　境】生长于海拔约1 250 m的混交林下。
【饲用价值】茎叶可饲用。
【其他用途】可药用，主治感冒、咳喘、风湿痛、月经不调、肾虚。

川香草

【种　　名】川香草
【科　　名】报春花科
【属　　名】珍珠菜属
【学　　名】*Lysimachia wilsonii* Hemsl.
【别　　名】川假露珠草、峨眉排草
【生 活 型】多年生草本
【分　　布】四川、云南等地。
【生　　境】生长于海拔1 000 m左右的林下和溪边。
【饲用价值】茎叶可饲用。
【其他用途】可药用，主治感冒，可抗菌。可作香料。

细梗香草

【种　　名】细梗香草
【科　　名】报春花科
【属　　名】珍珠菜属
【学　　名】*Lysimachia capillipes* Hemsl.
【别　　名】满山香、坝地蜈蚣、草线柄排草、合血香、红梗草、鸡眼草、毛柄珍珠菜、排草、排香草、铺地莲、铺地龙、细梗排草、细梗香、香草、香排草、泽星宿菜、细柄香蜡、细梗排香草、线柄排草、线柄香草
【生 活 型】多年生草本
【分　　布】贵州、四川、湖北、河南、湖南、江西、广东、福建、浙江等地。
【生　　境】生长于海拔300~2 000 m的山谷林下和溪边。
【饲用价值】茎叶可饲用。
【其他用途】可药用，用于治疗感冒咳喘、风湿痛、月经不调、神经衰弱，可补虚、驱蛔、抗肿瘤。亦可作香料。

琴叶过路黄

【种　　名】琴叶过路黄

【科　　名】报春花科

【属　　名】珍珠菜属

【学　　名】*Lysimachia ophelioides* Hemsl.

【别　　名】无

【生 活 型】多年生草本

【分　　布】四川、湖北等地。

【生　　境】生长于山坡路旁的草丛中。

【饲用价值】茎叶可饲用。

【其他用途】可药用，有清热利湿、排石解毒、散瘀止痛的功效。

露珠珍珠菜

【种　　名】露珠珍珠菜

【科　　名】报春花科

【属　　名】珍珠菜属

【学　　名】*Lysimachia circaeoides* Hemsl.

【别　　名】大散血、苋菜三七、沙红三七、退血草、对叶红线草、黄金楼、见缝合、水红袍、水杨柳、假露珠菜

【生 活 型】多年生草本

【分　　布】四川、贵州、湖北、湖南、江西等地。

【生　　境】生长于海拔600~1 200 m的山谷湿润处。

【饲用价值】茎叶可饲用。

【其他用途】可药用，内服可活血、调经，治疗月经不调、白带过多、跌打损伤等症状；外用可治蛇咬伤等。湖南民间用它治疗肺结核。

腺药珍珠菜

【种　　名】腺药珍珠菜

【科　　名】报春花科

【属　　名】珍珠菜属

【学　　名】*Lysimachia stenosepala* Hemsl.

【别　　名】云贵腺药珍珠菜、数日清、四面消、水伤草、水疔药、见缝合、黄金楼、散血草、白花草、水伤药、见肿消、天青地红、水红袍、狭萼珍珠菜

【生 活 型】多年生草本

【分　　布】陕西、四川、贵州、湖北、湖南、浙江等地。

【生　　境】生长于海拔850~2 500 m的山谷林缘、溪边和山坡草地湿润处。

【饲用价值】茎叶可饲用。

【其他用途】可药用，内服具有活血、调经之功效，可治疗月经不调、白带过多、跌打损伤等症状；外用可治疗蛇咬伤等。

异花珍珠菜

【种　　名】异花珍珠菜

【科　　名】报春花科

【属　　名】珍珠菜属

【学　　名】*Lysimachia crispidens* (Hance) Hemsl.

【别　　名】白苞蒿、黄参草、大红袍

【生 活 型】一年生草木

【分　　布】湖北、四川等地。

【生　　境】生长于海拔120~700 m的山坡阴处和山谷灌丛下。

【饲用价值】茎叶可饲用。

【其他用途】可食用，用于凉拌或做汤。可药用，内服具有活血、调经之功效，可治疗月经不调、白带过多、跌打损伤等症状；外用可治疗蛇咬伤等。

矮桃

【种　　名】矮桃

【科　　名】报春花科

【属　　名】珍珠菜属

【学　　名】*Lysimachia clethroides* Duby

【别　　名】珍珠草、野鸡公花、阉鸡尾、劁鸡草、尾脊草、酸罐罐、四毛草、伸筋散、山柳珍珠叶、山柳珍珠菜、地榆山高粱、蓼子草山、痨伤药、劳伤草、狼尾珍珠菜、狼尾草、狼尾巴花、狼尾巴、九节莲、九节连、活血莲、红头蝇、红丝毛、红梗草、红根散血

草、红根草、过路红、狗尾巴酸浆、狗尾巴草、狗尾巴菜、狗尾巴、调经草、大红消、大红袍、赤脚草、扯根菜、白花叶、白花药、矮婆子、珍珠菜

【生 活 型】 多年生草本

【分　　布】 我国东北、华中、西南、华南、华东等地区。俄罗斯、韩国、朝鲜、日本、老挝、越南等地。

【生　　境】 生长于海拔2 500 m以下的山坡林缘和草丛等湿润处。

【饲用价值】 茎叶可饲用，嫩叶猪喜食。

【其他用途】 全草入药，有活血调经、解毒消肿的功效。可食用。种子油可以用于制作肥皂。

五加科 Araliaceae

竹节参

【种　　名】竹节参

【科　　名】五加科

【属　　名】人参属

【学　　名】*Panax japonicus*（T. Nees）C. A. Meyer

【别　　名】大叶三七、竹节七、竹节三七、白三七、明七、竹根七、萝卜七、蜈蚣七、峨三七、野三七、竹节人参、七叶子

【生 活 型】多年生草本

【分　　布】云南、贵州、陕西、湖北、四川、湖南、江西和浙江等地。越南、尼泊尔、缅甸、日本和朝鲜等地。

【生　　境】生长于海拔800~2 400 m的山坡、山谷林下阴湿处或竹林阴湿处、沟边。

【饲用价值】茎叶可饲用。

【其他用途】可药用，能抗炎、延缓衰老、降血糖，用于治疗病后虚弱、结核咯血、咳嗽痰多、跌打损伤，又为兴奋剂和祛痰药。

紫草科 Boraginaceae

聚合草

【种　　名】聚合草

【科　　名】紫草科

【属　　名】聚合草属

【学　　名】*Symphytum officinale* L.

【别　　名】爱国草、肥羊草、友益草、友谊草、紫根草、康复力

【生 活 型】多年生丛生草本

【分　　布】江苏、福建、湖北、四川、重庆等地。

【生　　境】生长于山林地带、河边、路旁。

【饲用价值】茎叶富含蛋白质和维生素，营养价值高，各种营养成分的含量及其消化率都高于一般牧草。该种鲜饲最好，可青饲、青贮，也可制成干草粉。

【其他用途】根茎可药用，能活血凉血、清热解毒。植株含有尿囊素，可以刺激新细胞生长，外用治疗创伤，可促进伤口愈合；可预防和治疗畜禽肠炎。有很高的观赏价值。

马齿苋科 Portulacaceae

马齿苋

【种　　名】马齿苋

【科　　名】马齿苋科

【属　　名】马齿苋属

【学　　名】*Portulaca oleracea* L.

【别　　名】马苋、五行草、马齿菜、长命菜、五方草、瓜子菜、麻绳菜、蚂蚱菜、瓜米菜、马蛇子菜、蚂蚁菜、猪母菜、瓠子菜、狮岳菜、酸菜、五行菜、猪肥菜

【生 活 型】一年生草本

【分　　布】中国各地。全球温带和热带地区。

【生　　境】生长于菜园、农田、路边。

【饲用价值】茎叶可饲用。

【其他用途】全草可药用，有清热利湿、解毒消肿、消炎、止渴、利尿之功效。可食用，生食、烹食均可。

石竹科 Caryophyllaceae

繁缕

【种　　名】繁缕

【科　　名】石竹科

【属　　名】繁缕属

【学　　名】*Stellaria media*（L.）Vill.

【别　　名】鹅肠菜、鹅耳伸筋、鸡儿肠

【生 活 型】一年或二年生草本

【分　　布】中国各省份。日本、朝鲜、俄罗斯等地。

【生　　境】生长于海拔350~2 700 m的山坡、林下、田边、路旁。

【饲用价值】茎叶可饲用，适口性好，幼嫩期可以饲喂猪、牛、羊等大型家畜，也可用来喂养兔等小型家畜。

【其他用途】茎、叶及种子可药用，能清热解毒、消水肿、下乳、催生。嫩苗可食用。

鸭跖草科 Commelinaceae

鸭跖草

【种　　名】鸭跖草

【科　　名】鸭跖草科

【属　　名】鸭跖草属

【学　　名】*Commelina communis* L.

【别　　名】碧竹子、翠蝴蝶、淡竹叶、竹叶菜、鸭趾草、挂梁青、鸭儿草、竹芹菜

【生 活 型】一年生草本

【分　　布】云南、四川、甘肃等地。越南、朝鲜、日本、俄罗斯等地。

【生　　境】生长于路旁、田边、河岸、山坡及林缘阴湿处。

【饲用价值】茎叶可饲用，幼嫩期可以用来喂猪，也可以用来喂鸡、鸭、鹅等家禽。

【其他用途】可药用，为消肿利尿、清热解毒之良药，对睑腺炎、咽炎、扁桃体炎、宫颈糜烂、蝮蛇咬伤有良好疗效。可以食用。

睡莲科 Nymphaeaceae

睡莲

【种　　名】睡莲

【科　　名】睡莲科

【属　　名】睡莲属

【学　　名】*Nymphaea tetragona* Georgi

【别　　名】水浮莲、子午莲、粉色睡莲、野生睡莲、矮睡莲、侏儒睡莲

【生 活 型】多年生水生草本

【分　　布】中国各地。非洲南部,欧洲、亚洲的温带和寒带等地区。

【生　　境】生长于池沼、湖泊等静水水体中。

【饲用价值】茎叶可饲用。

【其他用途】可药用。根状茎含淀粉,可食用或酿酒。全草可作绿肥。可作为观赏植物,同时也用于绿化环境和净化水质。

莼菜科 Cabombaceae

莼菜

【种　　名】莼菜

【科　　名】莼菜科

【属　　名】莼菜属

【学　　名】*Brasenia schreberi* J. F. Gmel.

【别　　名】水案板

【生 活 型】多年生水生草本

【分　　布】云南、四川、重庆、湖南、江西、浙江和江苏等地。俄罗斯、日本、印度、美国、加拿大等地。大洋洲及非洲等地。

【生　　境】生长于池塘、河湖或沼泽。

【饲用价值】幼嫩时期可以用于饲养猪、牛、羊等家畜，还可以做成干饲料。

【其他用途】可药用，主治高血压、泻痢、胃痛、呕吐、反胃、痈疽疔肿、热疖。富含胶质，嫩茎叶可作蔬菜食用。

十字花科 Brassicaceae

荠

【种　　名】荠

【科　　名】十字花科

【属　　名】荠属

【学　　名】*Capsella bursa-pastoris*（L.）Medik.

【别　　名】荠菜、阿布嘎、铲铲草、蒫、蒫实、地菜、地米菜、地明菜、地母菜、骨皮、刮锅铲、护生草、芨荠、鸡脚菜、鸡翼菜、芥、净肠草、辣菜、菱角菜、娘娘指甲、荠菜花、荠菜子、荠荠菜、荠实、三角菜、三角草、沙荠、上巳菜、石翠花、田儿菜、填菜、喜喜菜、香荠菜、香善菜、洋筋草、野菜、野荠菜、枕头草、棕子、棕子草、粽子、粽子菜、大荠、地菜花、地米荠、地末菜、耳勾草、花叶菜、芥菜、净肠菜、榄鼓菜、乃翁义、荠草、清明菜、清明草、扇子草、上已菜、苏格嘎巴、庭力子、菥蓂、香包草、响铃铃草、小铲铲草、雅俄、枕头菜、只只菜、棕子菜

【生 活 型】一年或二年生草本

【分　　布】中国各地。全球温带地区。

【生　　境】生长于山坡、田边及路旁。

【饲用价值】是中等饲用植物，其鲜草牛、马、羊均喜食。开花期后，因茎叶质地粗老硬化，饲用价值降低。

【其他用途】具有药用价值，有和脾、利水、止血、明目的功效，可治疗痢疾、水肿、便血、血崩、月经过多、目赤肿痛等。可用于制作油漆及肥皂。

窄叶碎米荠

【种　　名】窄叶碎米荠

【科　　名】十字花科

【属　　名】碎米荠属

【学　　名】*Cardamine impatiens* L. var. *angustifolia* O. E. Schulz

【别　　名】狭叶弹裂碎米荠、狭叶碎米荠

【生 活 型】一年生草本

【分　　布】安徽、江苏、陕西、新疆、四川等地。

【生　　境】生长于路旁、荒地或湿草地。
【饲用价值】茎叶可饲用。
【其他用途】可药用，民间用于治妇女月经不调。种子可用于榨油。

钝叶碎米荠

【种　　名】钝叶碎米荠
【科　　名】十字花科
【属　　名】碎米荠属
【学　　名】*Cardamine impatiens* L. var. *obtusifolia* (Knaf) O. E. Schulz
【别　　名】弹裂碎米荠
【生 活 型】一年生草本
【分　　布】安徽、湖北、四川等地。
【生　　境】生长于阴湿处。
【饲用价值】茎叶可饲用。
【其他用途】可药用，用于治疗尿道炎、痢疾、白带异常，外用可治疗疮。

云南碎米荠

【种　　名】云南碎米荠
【科　　名】十字花科
【属　　名】碎米荠属
【学　　名】*Cardamine yunnanensis* Franch.
【别　　名】云南石芥菜、异叶碎米荠
【生 活 型】一年生草本
【分　　布】重庆、云南及西藏等地。
【生　　境】生长于海拔 1 030~3 600 m 的林下阴湿处、山坡溪边和草丛中。
【饲用价值】茎叶可饲用。
【其他用途】可药用，用于治疗尿道炎、痢疾、白带异常，外用可治疗疮。

水田碎米荠

【种　　名】水田碎米荠
【科　　名】十字花科
【属　　名】碎米荠属

【学　　名】*Cardamine lyrata* Bunge
【别　　名】小水田荠、水田荠、水芥菜
【生 活 型】多年生草本
【分　　布】黑龙江、吉林、辽宁、河北、河南、安徽、江苏、湖南、江西、广西等地。俄罗斯、朝鲜、日本等地。
【生　　境】生长于浅水处、湿草甸、水边、溪边、沼泽地。
【饲用价值】茎叶可饲用。
【其他用途】可药用，有清热祛湿之效。幼嫩的茎叶可食用。

湿生碎米荠

【种　　名】湿生碎米荠
【科　　名】十字花科
【属　　名】碎米荠属
【学　　名】*Cardamine hygrophila* T. Y. Cheo et R. C. Fang
【别　　名】无
【生 活 型】一年生或多年生草本
【分　　布】广西、重庆等地。
【生　　境】生长于海拔1 650 m左右的山沟或溪边潮湿地。
【饲用价值】茎叶可饲用。
【其他用途】可药用，治痰咳、顿咳，用于小儿止泻等。

光头山碎米荠

【种　　名】光头山碎米荠
【科　　名】十字花科
【属　　名】碎米荠属
【学　　名】*Cardamine engleriana* O. E. Schulz
【别　　名】无
【生 活 型】多年生草本
【分　　布】湖北、湖南、陕西、甘肃、重庆等地。
【生　　境】生长于山坡林下阴处或山谷沟边、路旁潮湿地。
【饲用价值】茎叶可饲用。
【其他用途】可药用，有清热祛湿、解毒消肿的功效。

华中碎米荠

【种　　名】华中碎米荠

【科　　名】十字花科

【属　　名】碎米荠属

【学　　名】*Cardamine urbaniana* O. E. Schulz

【别　　名】无妇人参、普贤菜、菜子七、半边菜

【生 活 型】多年生草本

【分　　布】湖南、甘肃、浙江、江西、陕西、湖北、四川等地。

【生　　境】生长于海拔500~3 500 m的山谷阴湿地和山坡林下。

【饲用价值】茎叶可饲用。

【其他用途】可药用，可治白带异常。根状茎可治支气管炎及哮喘，全草民间用作妇女补虚药。

大叶碎米荠

【种　　名】大叶碎米荠

【科　　名】十字花科

【属　　名】碎米荠属

【学　　名】*Cardamine macrophylla* Willd.

【别　　名】普贤菜、妇人参、大叶独行菜、钝圆齿碎米荠、多叶碎米荠、山芥菜、石芥菜、淘木-照古其、中华碎米荠、重齿碎米荠、紫花碎米荠、白花碎米芥、大叶碎米芥、丘乳巴

【生 活 型】多年生草本

【分　　布】内蒙古、河北、山西、湖北、陕西、甘肃、青海、四川、贵州、云南、西藏等地。俄罗斯、日本、印度等地。

【生　　境】生长于海拔500~3 500 m的山谷阴湿地及山坡林下。

【饲用价值】嫩苗及茎叶可饲用。

【其他用途】可药用，可治白带异常。根状茎可治支气管炎及哮喘，全草民间用作妇女补虚药。

紫花碎米荠

【种　　名】紫花碎米荠

【科　　名】十字花科

【属　　名】碎米荠属

【学　　名】*Cardamine tangutorum* O. E. Schulz

【别　　名】唐古碎米荠、石芥菜

【生 活 型】多年生草本

【分　　布】河北、山西、陕西、甘肃、青海、四川、云南、西藏等地。

【生　　境】生长于海拔2 100~4 400 m的高山山沟草地及林下阴湿处。

【饲用价值】茎叶可饲用。

【其他用途】新发的嫩叶及上部嫩茎叶可食用。可药用，有清热利湿之功效，可治黄水疮。花可治筋骨疼痛。

山芥碎米荠

【种　　名】山芥碎米荠

【科　　名】十字花科

【属　　名】碎米荠属

【学　　名】*Cardamine griffithii* Hook. f. & Thomson

【别　　名】山芥菜

【生 活 型】多年生草本

【分　　布】湖北、四川、贵州、云南及西藏等地。

【生　　境】生长于海拔800~4 450 m的山坡林下、山沟溪边、岩石较多的阴湿处。

【饲用价值】茎叶可饲用。

【其他用途】可药用，清热利湿，用于治疗尿道炎、膀胱炎、痢疾、白带异常，外用治疗疮。

三小叶碎米荠

【种　　名】三小叶碎米荠

【科　　名】十字花科

【属　　名】碎米荠属

【学　　名】*Cardamine trifoliolata* Hook. f. & Thomson

【别　　名】三叶碎米荠、三叶碎米芥

【生 活 型】多年生草本

【分　　布】湖北、湖南、四川、重庆、云南、西藏等地。

【生　　境】生长于海拔2 000 m左右的山坡林下、山沟、水边草地。

【饲用价值】茎叶可饲用。

【其他用途】可药用，能止咳化痰、祛风除湿。

碎米荠

【种　　名】碎米荠

【科　　名】十字花科

【属　　名】碎米荠属

【学　　名】*Cardamine occulta* Hornem.

【别　　名】白带草、宝岛碎米荠、见肿消、毛碎米荠、雀儿菜、胡椒草、春荠

【生 活 型】一年生草本

【分　　布】中国各地。全球温带地区。

【生　　境】生长于海拔1 000 m以下的山坡草地、旷野湿润草地，山坡、路旁、荒地及耕地的草丛中。

【饲用价值】全草干粉可作鸡鸭的饲料添加剂。

【其他用途】可食用，用于凉拌、做蛋汤等。可药用，有清热解毒、祛风除湿之效，用于治疗痢疾、泄泻、腹胀、带下病、乳糜尿、外伤出血、尿道炎、膀胱炎、白带过多，外用治疗疮疡。

萝卜

【种　　名】萝卜

【科　　名】十字花科

【属　　名】萝卜属

【学　　名】*Raphanus sativus* L.

【别　　名】莱菔、白萝卜、白萝卜子、莱服、菜菔、菜头、大萝卜、地灯笼、地骷髅、菔、喝啪北、莱服、莱服子、莱菔子、莱萝卜、蓝花子、芦葩、罗卜、罗服、萝白、萝帮、萝卜英、萝卜子、萝葡、芒菔、寿星头、土酥、温菘、紫花菘、菜薯、大萝卜子、地空、拉夫格、萝卜缨、萝卜种子、水萝卜、菜头

【生 活 型】一年生或二年生草本

【分　　布】中国各地普遍栽培。世界各地。

【生　　境】生长于耕地、农田。

【饲用价值】全株可饲用，是优良的多汁饲料。宜生喂，可切碎或打浆后喂猪，也可整体贮藏，或打碎青贮、切片晒干。在冬季和早春饲喂，可促进家畜健康生长，属良等饲用作物。

【其他用途】可药用，萝卜性凉，味辛甘，无毒，能消积滞、化痰热、下气、宽中，治食积胀满、肺痨咯血、呕吐反酸等，能止咳化痰、除燥生津、清热解毒、利便、防癌抑癌；吃生萝卜可预防流感、上呼吸道感染、喉痛及白喉等。可食用。

蔷薇科 Rosaceae

西南委陵菜

【种　　名】西南委陵菜

【科　　名】蔷薇科

【属　　名】委陵菜属

【学　　名】*Potentilla fulgens* Wall. ex Hook.

【别　　名】白地榆、白蒲草、白头翁、赤地榆、地槟榔、地管子、翻白菜、翻白草、翻白叶、翻背白草、管仲、光叶翻白草、马水根、爬地茶、银毛委陵菜、银叶委陵菜、紫地木榆、紫地榆、亮叶委陵菜、天青地白

【生 活 型】多年生草本

【分　　布】湖北、四川、贵州、云南、广西等地。尼泊尔、印度等地。

【生　　境】生长于海拔 1 100~3 600 m 的山坡草地、灌丛、林缘及林中。

【饲用价值】茎叶可饲用。

【其他用途】全草治各种出血性热病、痢疾、无名肿痛、消化道出血、鼻衄、腹痛、腹泻、消化不良、外伤出血、烫伤。

长柔毛委陵菜

【种　　名】长柔毛委陵菜

【科　　名】蔷薇科

【属　　名】委陵菜属

【学　　名】*Potentilla griffithii* var. *velutina* Card.

【别　　名】翻白叶、黄毛翻白草、小管仲、小天青、小无青、长单毛委陵草、马屎根

【生 活 型】多年生草本

【分　　布】四川、云南、西藏等地。

【生　　境】生长于海拔 3 000~4 000 m 的山坡草地及林缘。

【饲用价值】根茎可饲用。

【其他用途】可药用，有行气消食、收敛止血、清热活血之功效，主治食积胃痛、胃及十二指肠溃疡、小儿疳积、痢疾、产后流血过多、小儿惊厥、面神经麻痹。

委陵菜

【种　　名】委陵菜

【科　　名】蔷薇科

【属　　名】委陵菜属

【学　　名】*Potentilla chinensis* Ser.

【别　　名】大翻白草、翻白菜、翻白草、蛤蟆草、根头菜、鸡爪草、龙芽菜、龙芽草、扑地虎、生血丹、天青地白、五虎噙血、细翻白叶、大萼委陵菜、地区草、二裂叶委陵菜、翻白叶、虎爪菜、龙牙草、三角齿委陵菜、小毛药、银叶委陵菜、中国委陵菜、中华委陵菜

【生 活 型】多年生草本

【分　　布】黑龙江、吉林、辽宁、内蒙古、河北、山西、陕西、甘肃、山东、河南、江苏、安徽、江西、湖北、湖南、台湾、广东、广西、四川、贵州、云南、西藏等地。俄罗斯、日本、朝鲜等地。

【生　　境】生长于海拔400~3 200 m的山坡草地、沟谷、林缘、灌丛或疏林下。

【饲用价值】嫩苗可作猪饲料。属于放牧型草，适口性不良，为中等偏下的饲用植物。

【其他用途】全草入药，能清热解毒、止血、止痢。根含鞣质，可用于提制栲胶。

大戟科 Euphorbiaceae

大戟

【种　　名】大戟

【科　　名】大戟科

【属　　名】大戟属

【学　　名】*Euphorbia pekinensis* Rupr.

【别　　名】京大戟、猫眼草、龙虎草、北京大戟、并州大戟、大猫儿草、大猫儿头、大猫儿眼、大猫眼草、红大戟、红芽大戟、湖北大戟、黄芽大戟、天平一枝香、下马杆、下马仙、黄花大戟、牛奶浆草

【生 活 型】多年生草本

【分　　布】除台湾、云南、西藏和新疆，中国各地广布。朝鲜和日本等地。

【生　　境】生长于海拔200~3 000 m的山坡、灌丛、路旁、荒地、草丛、林缘和疏林内。

【饲用价值】茎叶可饲用。

【其他用途】可药用，治疗急慢性肾炎水肿、晚期血吸虫病或其他肝硬化引起的腹水、胸痛、疮痈肿痛及瘀胀等症。外用能消肿散结，内服能攻泻而通结滞。

铁苋菜

【种　　名】铁苋菜

【科　　名】大戟科

【属　　名】铁苋菜属

【学　　名】*Acalypha australis* L.

【别　　名】夏草、海蚌含珠、半边珠、蚌壳草、布口袋、草蚌含珠、撮斗装珍珠、灯盏碗、粪斗草、凤眼草、鬼见愁、海蚌藏珍珠、含珠草、寒热草、红眼斑、鸡蛋壳菜、榎草、金半斗、金盘野苋菜、烂莲菜、烂莲茶、痢疾草、六合草、猫眼草、朴草、人苋、沙罐草、水耳朵草、水芥、唐鸡屎棵、糖鸡屎棵、天泡子、铁蚌含珠、铁杆草、铁杆愁、铁汉头、铁头草、铁苋、铁苋头、小耳朵草、蝎头棵、血布袋、血旱头杆子、血见愁、野黄麻、野麻草、野麻子、野苏子、叶里藏珠、叶里含珠、叶下双桃、玉碗捧真珠、玉碗

装珍珠、止血草、凹肚真珠、编笠草、海蚌抱珠、海蚌念珠、海蚌食珠、假麻仔、痢子草、螺丝草、螺厣儿、麻仔草、满盘珠木、鸟麻、鸟屎麻、鸟踏麻、疟子草、钱苋菜、下合花、小红孩

【生活型】一年生草本

【分　布】中国各地。俄罗斯、朝鲜、日本、菲律宾、越南、老挝等地。

【生　境】生长于海拔20~1 900 m的平原或山坡较湿润的耕地和空旷草地，有时也长于石灰岩山的疏林下。

【饲用价值】嫩叶可饲用，茎叶鲜嫩多汁，叶量大，猪、兔、牛、羊、鹅均喜食。无论是放牧利用还是结合农田除草，该植物对喂养畜禽都有一定的价值。

【其他用途】铁苋菜中含有比牛奶更能充分被人体吸收的蛋白质，胡萝卜素含量很高，铁和钙的含量远高于菠菜，可为人体提供丰富的营养物质，有利于强身健体，提高机体的免疫力，有“长寿菜”之称，为新鲜蔬菜中的佼佼者。铁苋菜具有清热利湿、凉血解毒、消积的功效，现代研究表明铁苋菜具有抗菌、抗炎、平喘、增加血小板数量、止泻等功效。以全草或地上部分入药，可用于治疗肠炎、细菌性痢疾、阿米巴痢疾、小儿疳积、吐血、衄血、尿血、便血、子宫出血、痈疖疮疡、外伤出血、湿疹、皮炎、毒蛇咬伤等，是国家三类新药苋菜黄连素胶囊的主要原料。

车前科 Plantaginaceae

长果车前

【种　　名】长果车前
【科　　名】车前科
【属　　名】车前属
【学　　名】*Plantago asiatica* subsp. *densiflora*（J. Z. Liu）Z. Y. Li
【别　　名】密花车前
【生 活 型】二年生或多年生草本
【分　　布】湖北、湖南、重庆、贵州、云南、西藏等地。
【生　　境】生长于海拔700~3 500 m的山坡、路旁。
【饲用价值】叶量大，为各种畜禽所采食，尤其是鸭、鹅、猪。可放牧或刈割利用。
【其他用途】有药用价值。种子油可作工业油。

疏花车前

【种　　名】疏花车前
【科　　名】车前科
【属　　名】车前属
【学　　名】*Plantago asiatica* subsp. *erosa*（Wall.）Z. Y. Li
【别　　名】小车前、滇车前
【生 活 型】二年生或多年生草本
【分　　布】陕西、青海、福建、湖北、湖南、广东、广西、四川、贵州、云南、西藏等地。斯里兰卡、尼泊尔、孟加拉国、印度等地。
【生　　境】生长于海拔350~3 800 m的山坡草地、河岸、沟边、田边及火烧迹地。
【饲用价值】茎叶可饲用，适于刈割。
【其他用途】可药用，能清热利尿、止咳祛痰、抗炎。

车前

【种　　名】车前

【科　　名】车前科

【属　　名】车前属

【学　　名】*Plantago asiatica* L.

【别　　名】饭匙草、猪耳草、牛耳朵草、车轱辘菜、蛤蟆草

【生 活 型】二年生或多年生草本

【分　　布】黑龙江、吉林、辽宁、内蒙古、河北、山西、陕西、甘肃、新疆、山东、江苏、安徽、浙江、江西、福建、台湾、河南、湖北、湖南、广东、广西、海南、四川、贵州、云南、西藏等地。朝鲜、俄罗斯、日本、尼泊尔、马来西亚、印度尼西亚等地。

【生　　境】生长于海拔3~3 200 m的草地、沟边、河岸湿地、田边、路旁或村边空旷处。

【饲用价值】叶质肥厚，细嫩多汁，是早春的主要牧草之一，为各种畜禽所采食，尤其是鸭、鹅、猪。适于放牧，特别是放养猪，采食率极高。秋末收割全株晒干制成草粉，可供冬春季节饲喂家禽或猪。

【其他用途】可药用，具有利尿、清热、明目、祛痰的功效，而且具有明显的抗菌、降压效果。

大车前

【种　　名】大车前

【科　　名】车前科

【属　　名】车前属

【学　　名】*Plantago major* L.

【别　　名】车前、车前草、钱贯草、大猪耳朵草

【生 活 型】二年生或多年生草本

【分　　布】黑龙江、吉林、辽宁、内蒙古、河北、山西、陕西、甘肃、青海、新疆、山东、江苏、福建、台湾、广西、海南、四川、云南、西藏等地。欧亚大陆温带及寒温带地区。

【生　　境】生长于海拔5~2 800 m的草地、草甸、河滩、沟边、沼泽地、山坡路旁、田边或荒地。

【饲用价值】茎叶可饲用，可放牧或刈割利用。在冬、春枯草季节，牛、羊、鹅均喜食其绿叶。

【其他用途】可药用，植株全草和种子均可入药；味甘，性寒，归肝、肾、肺、小肠经，具有清热利尿、祛痰、凉血、解毒的功效；用于治疗水肿、尿少、热淋涩痛、暑湿泻痢、痰热咳嗽、吐血、痈肿疮毒。

婆婆纳

【种　　名】婆婆纳

【科　　名】车前科

【属　　名】婆婆纳属
【学　　名】*Veronica polita* Fries
【别　　名】狗卵草、双珠草、双铜锤
【生 活 型】一年生或二年生草本
【分　　布】我国华东、华中、西南、西北等地区。全球温带和亚热带地区。
【生　　境】生长于荒地。
【饲用价值】适宜放牧利用。
【其他用途】可药用，有补肾强腰、解毒消肿之功效。

小婆婆纳

【种　　名】小婆婆纳
【科　　名】车前科
【属　　名】婆婆纳属
【学　　名】*Veronica serpyllifolia* L.
【别　　名】百里香叶婆婆纳、仙桃草、地涩涩
【生 活 型】多年生草本
【分　　布】我国东北、西北、西南等地区。北半球温带和亚热带高山广布。
【生　　境】生长于中山至高山湿草甸
【饲用价值】茎叶可饲用。
【其他用途】可药用，能活血散瘀、止血、解毒，治月经不调、跌打内伤、外伤出血、烧烫伤、蛇咬伤等。

疏花婆婆纳

【种　　名】疏花婆婆纳
【科　　名】车前科
【属　　名】婆婆纳属
【学　　名】*Veronica laxa* Benth.
【别　　名】无
【生 活 型】多年生草本
【分　　布】陕西、甘肃、湖南、湖北、四川、贵州、云南等地。印度等地。
【生　　境】生长于海拔1 500~2 500 m的沟谷阴处、山坡林下。
【饲用价值】茎叶可饲用。
【其他用途】可药用，主治疮疡肿毒。

玄参科 Scrophulariaceae

玄参

【种　　名】玄参

【科　　名】玄参科

【属　　名】玄参属

【学　　名】*Scrophularia ningpoensis* Hemsl.

【别　　名】八秽麻、川玄参、黑参、黑玄参、宁波玄参、水萝卜、乌元参、仙里茇、元参、浙玄参、重台、南玄参、秦岭玄参

【生 活 型】多年生草本

【分　　布】河北、河南、山西、陕西、湖北、安徽、江苏、浙江、福建、江西、湖南、广东、贵州、四川等地。

【生　　境】生长于海拔1 700 m以下的竹林、溪旁、丛林及高草丛中。

【饲用价值】适宜放牧利用。

【其他用途】可药用，有滋阴降火、消肿解毒、清热凉血等功效。

长梗玄参

【种　　名】长梗玄参

【科　　名】玄参科

【属　　名】玄参属

【学　　名】*Scrophularia fargesii* Franch.

【别　　名】鄂玄参

【生 活 型】多年生草本

【分　　布】湖北、四川等地。

【生　　境】生长于海拔2 000~3 300 m的空旷草地或灌丛草地。

【饲用价值】适宜放牧利用。

【其他用途】可药用，有清热解毒之功效。

列当科 Orobanchaceae

小米草

【种　　名】小米草

【科　　名】列当科

【属　　名】小米草属

【学　　名】*Euphrasia pectinata* Ten.

【别　　名】无

【生 活 型】一年生草本

【分　　布】新疆、甘肃、宁夏、内蒙古、河北、山西等地。蒙古国、俄罗斯等地。

【生　　境】生长于海拔 1 800~3 400 m 的山坡草地，极少数生长于近水边或疏林下草丛。

【饲用价值】茎叶可饲用。

【其他用途】全草可以入药，能清热解毒、利尿，主治热病、口渴、头痛、肺热咳嗽、咽喉肿痛、热淋、小便不利、口疮、痈肿。

短腺小米草

【种　　名】短腺小米草

【科　　名】列当科

【属　　名】小米草属

【学　　名】*Euphrasia regelii* Wettst.

【别　　名】无

【生 活 型】一年生草本

【分　　布】内蒙古、河北、山西、宁夏、甘肃、新疆等地。

【生　　境】生长于亚高山草地、湿草地及林中。

【饲用价值】茎叶可饲用。

【其他用途】可药用，治热病、口渴、头痛、咽喉肿痛、肺热咳嗽、口疮、热淋、痈肿等症状。

茜草科 Rubiaceae

拉拉藤

【种　　名】拉拉藤

【科　　名】茜草科

【属　　名】拉拉藤属

【学　　名】*Galium spurium* L.

【别　　名】猪秧秧、爬拉殃、八仙草、光果拉拉藤、猪殃殃

【生 活 型】一年生或多年生草本

【分　　布】除海南，全国各地广布。日本、朝鲜、俄罗斯、印度、尼泊尔、巴基斯坦等地。欧洲、非洲、美洲北部等地。

【生　　境】生长于海拔20~4 600 m的山坡、旷野、沟边、河滩、田中、林缘、草地。

【饲用价值】全草可作牛、马之饲草，因有倒钩刺，不宜喂猪。其干草的粗蛋白质含量较高，粗纤维少，粗灰分也丰富，属良等牧草，适合刈割利用。

【其他用途】全草可药用，能清热解毒、消肿止痛、利尿、散瘀，治淋浊、尿血、跌打损伤、肠痈、疖肿、中耳炎等症。

假繁缕

【种　　名】假繁缕

【科　　名】茜草科

【属　　名】假繁缕属

【学　　名】*Theligonum macranthum* Franch.

【别　　名】假牛繁缕

【生 活 型】一年生直立多汁草本

【分　　布】湖北、四川等地。

【生　　境】生长于海拔2 050~2 400 m的林下阴湿处。

【饲用价值】茎叶可饲用。

【其他用途】未知。

唇形科 Lamiaceae

红根草

【种　　名】红根草

【科　　名】唇形科

【属　　名】鼠尾草属

【学　　名】*Salvia prionitis* Hance

【别　　名】红地胆、红根子、小丹参、黄埔鼠尾

【生 活 型】一年生草本

【分　　布】浙江、安徽、江西、湖南、广西、广东等地。

【生　　境】生长于海拔100~800 m的山坡、阳处草丛及路边。

【饲用价值】茎叶可饲用。

【其他用途】可药用，主治腹泻、腹痛、感冒、毒蛇咬伤、跌打损伤等。

风轮菜

【种　　名】风轮菜

【科　　名】唇形科

【属　　名】风轮菜属

【学　　名】*Clinopodium chinense*（Benth.）O. Kuntze

【别　　名】野凉粉藤、野凉粉草、苦刀草

【生 活 型】多年生草本

【分　　布】山东、浙江、江苏、安徽、江西、福建、台湾、湖南、湖北、广东、广西、云南等地。日本等地。

【生　　境】生长于海拔1 000 m以下的山坡、草丛、路边、沟边、灌丛、林下。

【饲用价值】茎叶可饲用。

【其他用途】可药用。开花枝端可用来泡茶，能提振食欲，舒缓消化不良、胃肠胀气、喉咙痛，也可用来蒸脸或洗脸。新鲜的嫩叶具有香辛味，可用于烹调。

匍匐风轮菜

【种　　名】匍匐风轮菜

【科　　名】唇形科

【属　　名】风轮菜属

【学　　名】*Clinopodium repens*（D. Don）Wall. ex Benth.

【别　　名】无

【生 活 型】多年生草本

【分　　布】甘肃、陕西、湖北、湖南、江西、江苏、浙江、福建、台湾、四川、贵州及云南等地。尼泊尔、不丹、印度、斯里兰卡、缅甸、印度尼西亚、菲律宾、日本等地。

【生　　境】生长于山坡、草地、林下、路边、沟边等处，海拔可达3 300 m。

【饲用价值】茎叶可饲用。

【其他用途】可药用，有疏风清热、解毒消肿、止血之功效，主治感冒发热、中暑、咽喉肿痛。

细风轮菜

【种　　名】细风轮菜

【科　　名】唇形科

【属　　名】风轮菜属

【学　　名】*Clinopodium gracile*（Benth.）Matsum.

【别　　名】瘦风轮、小叶仙人草、苦草、野仙人草、野薄荷、玉如意、箭头草、剪刀草、假仙菜

【生 活 型】一年生草本

【分　　布】江苏、浙江、福建、台湾、安徽、江西、湖南、广东、广西、贵州、云南、四川、湖北及陕西等地。印度、缅甸、老挝、泰国、越南、马来西亚、印度尼西亚及日本等地。

【生　　境】生长于路旁、沟边、空旷草地、林缘、灌丛，海拔可达2 400 m。

【饲用价值】茎叶可饲用。

【其他用途】可药用，全草入药，治感冒头痛、中暑腹痛、痢疾、乳腺炎、痈疽肿毒、荨麻疹、过敏性皮炎、跌打损伤。

灯笼草

【种　　名】灯笼草

【科　　名】唇形科

【属　　名】风轮菜属

【学　　名】*Clinopodium polycephalum*（Vaniot）C. Y. Wu et S. J. Hsuan ex P. S. Hsu

【别　　名】大叶香薷、野鱼腥草、土荆芥、断血流、风轮草、第第莱、节节草、蜂窝草、楼台草、绣球草、土防风、夏枯草、脚藓草、小益母草、山藿香、走马灯笼草、漫胆草

【生 活 型】多年生草本

【分　　布】陕西、甘肃、山西、河北、河南、山东、浙江、江苏、安徽、福建、江西、湖南、湖北、广西、贵州、四川、云南及西藏等地。

【生　　境】生长于海拔3 400 m以下的山坡、路边、林下、灌丛。

【饲用价值】茎叶可饲用。

【其他用途】可药用，全草入药，治子宫出血、胆囊炎、黄疸型肝炎、感冒头痛、腹痛、小儿疳积、跌打损伤、皮肤疮疡、蛇及狂犬咬伤、痔疮。

薄荷

【种　　名】薄荷

【科　　名】唇形科

【属　　名】薄荷属

【学　　名】*Mentha canadensis* L.

【别　　名】野薄荷、夜息香

【生 活 型】多年生草本

【分　　布】中国南北各省份。俄罗斯、朝鲜、日本等地。

【生　　境】生长于水旁潮湿地，海拔可达3 500 m。

【饲用价值】茎叶可饲用。

【其他用途】幼嫩茎尖可食用。全草可入药，治感冒发热、喉痛、头痛、目赤肿痛、皮肤风疹瘙痒、麻疹不透等症，此外对痈、疽、疥、癣、漆疮亦有效。

紫苏

【种　　名】紫苏

【科　　名】唇形科

【属　　名】紫苏属

【学　　名】*Perilla frutescens*（L.）Britton

【别　　名】桂荏、白苏、赤苏、红苏、黑苏、白紫苏、青苏、苏麻、水升麻

【生 活 型】一年生直立草本

【分　　布】全国各地广泛栽培。不丹、印度、印度尼西亚、日本、朝鲜等地。

【生　　境】生长于房前屋后、沟边、地边。

【饲用价值】茎叶可饲用，可饲喂肉鸡、蛋鸡和仔猪、肥育猪。

【其他用途】可药用。紫苏叶具有解表散寒、行气和胃的功效，主治风寒感冒、咳嗽、恶心呕吐等症；种子有镇咳平喘、祛痰的功效。

藿香

【种　　名】藿香

【科　　名】唇形科

【属　　名】藿香属

【学　　名】*Agastache rugosa* (Fisch. et C. A. Mey.) Kuntze

【别　　名】芭蒿、兜娄婆香、排香草、青茎薄荷、水麻叶、紫苏草、鱼香、白薄荷、鸡苏、大薄荷、苏藿香、叶藿香、杏仁花、鱼子苏、小薄荷、野藿香、野薄荷、山薄荷、大叶薄荷、土藿香、薄荷、白荷、八蒿、拉拉香、野苏子、仁丹草、山猫巴、猫尾巴香、猫巴虎、猫巴蒿、把蒿、香荆芥花、香薷、家茴香、红花小茴香、山灰香、山茴香、苍告、合香、五香菜、尚志薄荷

【生 活 型】多年生草本

【分　　布】中国各省份。俄罗斯、朝鲜、日本等地。

【生　　境】生长于房前屋后、沟边、地边。

【饲用价值】茎叶可饲用。

【其他用途】全草入药，有止呕吐、治霍乱腹痛、驱逐胃肠胀气、清暑等效。果可作香料。叶及茎均富含挥发性芳香油，有浓郁的香味，为制作芳香油的原料。

商陆科 Phytolaccaceae

商陆

【种　　名】商陆

【科　　名】商陆科

【属　　名】商陆属

【学　　名】*Phytolacca acinosa* Roxb.

【别　　名】章柳、山萝卜、见肿消、王母牛、倒水莲、金七娘、猪母耳、白母鸡

【生 活 型】多年生草本

【分　　布】辽宁、河北、山东、河南、陕西、安徽、江苏、浙江、湖北、四川、贵州、云南、西藏、福建、台湾、广东、广西等地。朝鲜、日本及印度等地。

【生　　境】生长于海拔500~3 400 m的沟谷、山坡林下、林缘，也栽植于房前屋后及园地中。

【饲用价值】绿茎商陆幼苗的茎叶可饲用。

【其他用途】可药用。根入药，以白色肥大者为佳；红根有剧毒，仅供外用。可通便，治水肿、胀满、脚气、喉痹，外敷治痈肿疮毒，也可作兽药及农药。另外，可工业用，果实含鞣质，可用于提制栲胶。还可用作绿肥。

垂序商陆

【种　　名】垂序商陆

【科　　名】商陆科

【属　　名】商陆属

【学　　名】*Phytolacca americana* L.

【别　　名】洋商陆、美国商陆、美洲商陆、美商陆

【生 活 型】多年生草本

【分　　布】河北、陕西、山东、江苏、浙江、江西、福建、河南、湖北、广东、四川、云南等地。原产北美洲。

【生　　境】生长于疏林下、路旁和荒地。

【饲用价值】全株有毒，不能饲用。

【其他用途】根、种子、叶可药用，治水肿、白带异常、风湿，并有催吐作用。种子利尿；叶有解热作用，并治脚气；外用可治无名肿毒及皮肤寄生虫病。另外，全草可作农药。还可作观赏用。

土人参科 Talinaceae

土人参

【种　　名】土人参

【科　　名】土人参科

【属　　名】土人参属

【学　　名】*Talinum paniculatum* (Jacq.) Gaertn.

【别　　名】栌兰、假人参、参草、土高丽参、红参、紫人参、煮饭花、力参、波世兰

【生 活 型】一年生或多年生草本

【分　　布】浙江、江苏、安徽、福建、河南、广西、广东、四川、贵州、云南等地。原产美洲热带地区。

【生　　境】生长于阴湿地。

【饲用价值】茎叶可饲用。

【其他用途】可药用，有滋补强壮、补气血、助消化、生津止渴之效，治咳痰带血。鲜叶可入药，捣烂外敷，可治疮毒；根为滋补强壮药，可补中益气、润肺生津；叶可消肿解毒，治疗疮疖肿。

酢浆草科 Oxalidaceae

山酢浆草

【种　　名】山酢浆草

【科　　名】酢浆草科

【属　　名】酢浆草属

【学　　名】*Oxalis griffithii* Edgew. & Hook. f.

【别　　名】截叶酢浆草、大山酢浆草、三角酢浆草

【生 活 型】多年生草本

【分　　布】我国华东、华中、西南等地区。尼泊尔、印度等地。

【生　　境】生长于海拔800~3 000 m的密林、灌丛和沟谷等阴湿处。

【饲用价值】茎叶可饲用。

【其他用途】可药用，全草入药，能利尿解热。可用于园林绿化。茎叶含草酸，可用于磨镜或擦铜器，使器具具有光泽。

酢浆草

【种　　名】酢浆草

【科　　名】酢浆草科

【属　　名】酢浆草属

【学　　名】*Oxalis corniculata* L.

【别　　名】酸三叶、酸味草、鸠酸、酸醋酱、三叶酸、酸咪咪、钩钩草、醉浆草、唐本草

【生 活 型】多年生草本

【分　　布】全国各地广布。欧洲、北美洲等地有分布。

【生　　境】生长于山坡草地、河谷沿岸、路边、田边、荒地、林下阴湿处。

【饲用价值】茎叶可少量饲用。牛羊过多食用可能中毒致死。

【其他用途】可药用，全草入药，能利尿解热。可用于园林绿化。茎叶含草酸，可用于磨镜或擦铜器，使器具具有光泽。

凤仙花科 Balsaminaceae

三角萼凤仙花

【种　　名】三角萼凤仙花

【科　　名】凤仙花科

【属　　名】凤仙花属

【学　　名】*Impatiens trigonosepala* Hook. f.

【别　　名】无

【生 活 型】一年生草本

【分　　布】重庆等地。

【生　　境】生长于海拔1 200~1 290 m的路旁阴湿处或沟边。

【饲用价值】茎叶可饲用。

【其他用途】可用于病虫害防治。

山地凤仙花

【种　　名】山地凤仙花

【科　　名】凤仙花科

【属　　名】凤仙花属

【学　　名】*Impatiens monticola* Hook. f.

【别　　名】无

【生 活 型】一年生草本

【分　　布】四川、重庆等地。

【生　　境】生长于海拔900~1 800 m的林缘阴湿处、路边石缝中。

【饲用价值】茎叶可饲用。

【其他用途】含有促癌物质。

长距凤仙花

【种　　名】长距凤仙花

【科　　名】凤仙花科

【属　　名】凤仙花属

【学　　名】*Impatiens dolichoceras* E. Pritz. ex Diels

【别　　名】长角凤仙花

【生 活 型】一年生草本

【分　　布】重庆、湖北等地。

【生　　境】生长于海拔 1 200~2 100 m 的山谷沟边阴湿处或草丛中。

【饲用价值】茎叶可饲用。

【其他用途】可药用，能解毒、敛疮，主治恶疮溃疡。可丛植、群植和盆栽，也可作切花以供观赏。

四川凤仙花

【种　　名】四川凤仙花

【科　　名】凤仙花科

【属　　名】凤仙花属

【学　　名】*Impatiens sutchuenensis* Franchet ex J. D. Hooker

【别　　名】无

【生 活 型】一年生草本

【分　　布】湖北、陕西、重庆等地。

【生　　境】生长于海拔 1 200~1 850 m 的山坡林下、沟边潮湿地。

【饲用价值】茎叶可饲用

【其他用途】含有促癌物质。另外，可药用，但必须严格遵照医嘱。

长翼凤仙花

【种　　名】长翼凤仙花

【科　　名】凤仙花科

【属　　名】凤仙花属

【学　　名】*Impatiens longialata* E. Pritz. ex Diels

【别　　名】无

【生 活 型】 一年生草本

【分　　布】 湖北、重庆等地。

【生　　境】 生长于海拔500~2 000 m的山谷沟边、路旁潮湿草丛中。

【饲用价值】 茎叶可饲用。

【其他用途】 全草可药用，能祛风除湿、舒筋活络，可治风寒感冒、风湿骨痛、经闭、骨折。

细柄凤仙花

【种　　名】 细柄凤仙花

【科　　名】 凤仙花科

【属　　名】 凤仙花属

【学　　名】 *Impatiens leptocaulon* Hook. f.

【别　　名】 痨伤药、冷水七、冷水丹、红冷草、白冷草、红冷草痨、伤药、紫花牛夕

【生 活 型】 一年生草本

【分　　布】 湖北、湖南、贵州、云南、四川、重庆等地。

【生　　境】 生长于海拔1 200~2 000 m的山坡草丛中、阴湿处或林下沟边。

【饲用价值】 茎叶可饲用。

【其他用途】 可药用，全草入药，可散瘀活血，主治痨伤、妇女气血不和。

齿萼凤仙花

【种　　名】 齿萼凤仙花

【科　　名】 凤仙花科

【属　　名】 凤仙花属

【学　　名】 *Impatiens dicentra* Franch. ex Hook. f.

【别　　名】 无

【生 活 型】 一年生草本

【分　　布】 湖北、贵州、陕西、湖南、河南、重庆等地。

【生　　境】 生长于海拔1 000~2 700 m的山沟溪边、林下草丛中。

【饲用价值】 茎叶可饲用。

【其他用途】 具有园艺观赏价值。

蓝花凤仙花

【种　　名】蓝花凤仙花

【科　　名】凤仙花科

【属　　名】凤仙花属

【学　　名】*Impatiens cyanantha* Hook. f.

【别　　名】兰凤仙花

【生 活 型】一年生草本

【分　　布】贵州和云南等地。

【生　　境】生长于海拔1 000~2 500 m的林下、沟边、路旁等阴湿环境。

【饲用价值】茎叶可饲用。

【其他用途】可药用，全草入药，能活血化瘀、解毒消肿、舒筋活络，主治跌打肿痛及蛇咬伤。

窄萼凤仙花

【种　　名】窄萼凤仙花

【科　　名】凤仙花科

【属　　名】凤仙花属

【学　　名】*Impatiens stenosepala* Pritz. ex Diels

【别　　名】无

【生 活 型】一年生草本

【分　　布】贵州、湖南、湖北、陕西、甘肃、河南、山西、重庆等地。

【生　　境】生长于海拔800~1 800 m的山坡林下、山沟水旁或草丛中。

【饲用价值】茎叶可饲用。

【其他用途】具有观赏价值。可用于染指甲。种子可入药。

柳叶菜状凤仙花

【种　　名】柳叶菜状凤仙花

【科　　名】凤仙花科

【属　　名】凤仙花属

【学　　名】*Impatiens epilobioides* Y. L. Chen

【别　　名】无

【生 活 型】一年生草本

【分　　布】四川等地。

【生　　境】生长于海拔1 000~2 500 m的河边。

【饲用价值】茎叶可饲用。

【其他用途】具有观赏价值。

湖北凤仙花

【种　　名】湖北凤仙花

【科　　名】凤仙花科

【属　　名】凤仙花属

【学　　名】*Impatiens pritzelii* Hook. f.

【别　　名】冷水七、红苋、霸王七、止痛丹

【生 活 型】多年生草本

【分　　布】湖北、重庆等地。

【生　　境】生长于海拔400~1 800 m的山谷林下、沟边及湿润草丛中。

【饲用价值】茎叶可饲用。

【其他用途】可药用。根茎入药，可祛风除湿、散瘀消肿、止痛止血、清热解毒，对风湿性关节炎、风湿疼痛、四肢麻木、跌打损伤、腹泻、痢疾等有疗效。可用于病虫害防治。

顶喙凤仙花

【种　　名】顶喙凤仙花

【科　　名】凤仙花科

【属　　名】凤仙花属

【学　　名】*Impatiens compta* Hook. f.

【别　　名】无

【生 活 型】一年生草本

【分　　布】重庆、湖北等地。

【生　　境】生长于海拔1 560~2 200 m的沟边林下、山坡草丛中、溪边潮湿处。

【饲用价值】茎叶可饲用。

【其他用途】可用于病虫害防治。还具有观赏价值。

大鼻凤仙花

【种　　名】大鼻凤仙花

【科　　名】凤仙花科

【属　　名】凤仙花属

【学　　名】*Impatiens nasuta* Hook. f.

【别　　名】指甲花、急性子、凤仙透骨草

【生 活 型】一年生草本

【分　　布】重庆、湖北等地。

【生　　境】生长于海拔1 250~2 050 m的山坡灌丛、林中岩石边，或草坪、沟边湿处。

【饲用价值】茎叶可饲用。

【其他用途】具有观赏价值。

柳叶菜科 Onagraceae

柳叶菜

【种　　名】柳叶菜

【科　　名】柳叶菜科

【属　　名】柳叶菜属

【学　　名】*Epilobium hirsutum* L.

【别　　名】水丁香、菜子灵、通经草、地母怀胎草、水兰花、水接骨丹、水窝窝、九牛造接骨丹、水接骨、继母怀胎、绒棒紫花草、长角草、鱼鳞草、大样干鱼草、光明草、小杨柳、锁匙筒、白带草、怀胎草、白带丹、飞疗药、呼崩朝日、鸡脚参、柳叶莲、水朝阳花、水红花、水葫芦、心胆草、血留参、一把参、一贯草、益母草、硬毛柳叶菜、肺蕊草、接骨丹、九牛造柳菜、柳叶柏、柳叶梅

【生 活 型】多年生草本

【分　　布】吉林、新疆、安徽、江苏、浙江、江西、广东、湖南、湖北、四川、贵州、云南和西藏等地。欧亚大陆与非洲温带地区等。

【生　　境】生长于海拔180~3 500 m的河谷、溪流的河床沙地或石砾地或沟边、湖边向阳湿处，也生长于灌丛、荒坡、路旁。

【饲用价值】茎叶可饲用。

【其他用途】根或带根全草入药，有消炎止痛、祛风除湿、活血止血、生肌之效，可治疗骨折、疔疮痈肿、外伤出血。其花能清热消炎、调经止带、止痛；叶对金黄色葡萄球菌有抑制作用。

滇藏柳叶菜

【种　　名】滇藏柳叶菜

【科　　名】柳叶菜科

【属　　名】柳叶菜属

【学　　名】*Epilobium wallichianum* Hausskn.

【别　　名】大花柳叶菜、胆黄草、紫药参、通经草

【生 活 型】多年生草本

【分　　布】甘肃、湖北、四川、贵州、云南与西藏等地。印度、缅甸、尼泊尔与孟加拉国等地。

【生　　境】生长于海拔1 380~4 100 m的山区溪沟旁、湖边、林缘草坡湿润处。

【饲用价值】茎、叶、根都可饲用。

【其他用途】可药用，能活血调经、利水消肿、解毒敛疮，主治月经不调、水肿、烧烫伤。

光滑柳叶菜

【种　　名】光滑柳叶菜

【科　　名】柳叶菜科

【属　　名】柳叶菜属

【学　　名】*Epilobium amurense* subsp. *cephalostigma*（Hausskn.）C. J. Chen

【别　　名】岩山柳叶菜

【生 活 型】多年生草本

【分　　布】黑龙江、吉林、辽宁、河北、山东、陕西、甘肃、安徽、浙江、江西、福建、广东、广西、湖南、湖北、四川、贵州、云南等地。日本、朝鲜与俄罗斯等地。

【生　　境】生长于海拔600~2 100 m的低山河谷与溪沟边、林缘、草坡湿润处。

【饲用价值】全株可饲用。

【其他用途】可药用。花可治牙痛、急性结膜炎、咽喉炎、月经不调、白带过多；根可治闭经、胃痛、食滞饱胀；根或带根全草可治骨折、跌打损伤、疔疮痈肿、外伤出血。

圆柱柳叶菜

【种　　名】圆柱柳叶菜

【科　　名】柳叶菜科

【属　　名】柳叶菜属

【学　　名】*Epilobium cylindricum* D. Don

【别　　名】华西柳叶菜

【生 活 型】多年生草本

【分　　布】甘肃、湖北、四川、贵州、云南、西藏等地。阿富汗、巴基斯坦、印度、尼泊尔、不丹、吉尔吉斯斯坦、乌兹别克斯坦等地。

【生　　境】生长于海拔400~3 300 m的山坡林缘、沟谷、湖边等湿处。

【饲用价值】全株可饲用。

【其他用途】有药用价值。花可清热消炎、调经止带、止痛，用于治疗牙痛、急性结膜炎、咽喉炎、月经不调、白带过多；根具有理气活血、止血的功效，用于治疗闭经、胃痛、食滞饱胀；根或带根全草主治骨折、跌打损伤、疔疮痈肿、外伤出血。

中华柳叶菜

【种　　名】中华柳叶菜

【科　　名】柳叶菜科

【属　　名】柳叶菜属

【学　　名】*Epilobium sinense* H. Lév.

【别　　名】无

【生 活 型】多年生草本

【分　　布】河南、陕西、甘肃、湖北、湖南、四川、贵州和云南等地。

【生　　境】生长于海拔550~2 400 m的河谷、溪沟及塘边湿地。

【饲用价值】全株可饲用。

【其他用途】可药用。花具有清热消炎、调经止带、止痛的功效，用于治疗牙痛、急性结膜炎、咽喉炎、月经不调、白带过多；根具有理气活血、止血的功效，用于治疗闭经、胃痛、食滞饱胀；根或带根全草主治骨折、跌打损伤、疔疮痈肿、外伤出血。

锐齿柳叶菜

【种　　名】锐齿柳叶菜

【科　　名】柳叶菜科

【属　　名】柳叶菜属

【学　　名】*Epilobium kermodei* P. H. Raven

【别　　名】片马柳叶菜

【生 活 型】多年生草本

【分　　布】广西、湖南、湖北、四川、贵州、云南等地。缅甸等地。

【生　　境】生长于中、低海拔山区的开阔草坡、河谷与溪沟两旁、湖塘边湿润处。

【饲用价值】全株可饲用。

【其他用途】可药用，具有理气、活血、止血之功效，可治疗闭经、胃痛、食滞饱胀。根或带根全草入药，可治骨折、跌打损伤、疔疮痈肿、外伤出血，具有清热、解毒、利尿、平肝、透疹之功效。

短梗柳叶菜

【种　　名】短梗柳叶菜

【科　　名】柳叶菜科

【属　　名】柳叶菜属

【学　　名】*Epilobium royleanum* Hausskn.

【别　　名】滇藏柳叶菜
【生 活 型】多年生草本
【分　　布】河南、甘肃、青海、新疆、湖北、四川、贵州、重庆、云南和西藏等地。尼泊尔、印度、阿富汗等地。
【生　　境】生长于海拔1 000~4 300 m的山区、河谷、溪沟、路旁，或荒坡湿处。
【饲用价值】全株可饲用。
【其他用途】可药用，可治骨折、跌打损伤、疔疮痈肿、外伤出血等症状，有消炎止痛、祛风除湿之功效。

阔柱柳叶菜

【种　　名】阔柱柳叶菜
【科　　名】柳叶菜科
【属　　名】柳叶菜属
【学　　名】*Epilobium platystigmatosum* C. B. Rob.
【别　　名】鬼松针、高柱柳叶菜
【生 活 型】多年生草本
【分　　布】河北、河南、陕西、甘肃、青海、台湾、广西、湖北、四川、云南等地。
【生　　境】生长于海拔400~3 500 m的山区、草坡、沟谷溪边湿润处。
【饲用价值】全株可饲用。
【其他用途】可药用，用于治疗月经不调。

小花柳叶菜

【种　　名】小花柳叶菜
【科　　名】柳叶菜科
【属　　名】柳叶菜属
【学　　名】*Epilobium parviflorum* Schreber.
【别　　名】山芝麻、水虾草、白毛柳叶草
【生 活 型】多年生草本
【分　　布】内蒙古、河北、山西、山东、河南、陕西、新疆（天山）、湖南、湖北、四川、贵州、云南等地。新西兰等地。
【生　　境】生长于海拔350~2 500 m的山区河谷、溪流、湖泊等湿润地，以及荒坡草地。
【饲用价值】茎叶可饲用。
【其他用途】具有药用价值，有很好的抗菌、抗炎、抗氧化、抗微生物活性的功效，能维持体内激素平衡、促进男性健康，对膀胱和尿道有保健作用。

毛脉柳叶菜

【种　　名】毛脉柳叶菜
【科　　名】柳叶菜科
【属　　名】柳叶菜属
【学　　名】*Epilobium amurense* Hausskn.
【别　　名】黑龙江柳叶菜、小柳叶菜、水泽兰
【生 活 型】多年生草本
【分　　布】吉林、内蒙古、河北、山西、山东、河南、陕西、甘肃、青海、台湾、广西、湖北、四川、贵州、云南及西藏等地。俄罗斯、日本、朝鲜等地。
【生　　境】生长于海拔1 900~3 400 m的林缘、灌丛、草地、沟边沼泽地。
【饲用价值】全草可饲用。
【其他用途】可药用，能收敛止血、止痢，可治肠炎痢疾、月经量过多、白带过多。

长籽柳叶菜

【种　　名】长籽柳叶菜
【科　　名】柳叶菜科
【属　　名】柳叶菜属
【学　　名】*Epilobium pyrricholophum* Franch. & Savat.
【别　　名】鬼松针、高柱柳叶菜、对叶草、柳叶菜、日本柳叶菜、石药、水苏、小对经草、心胆草、针筒线、八角草、长粒柳叶菜、长仔柳叶菜、长子柳叶菜、水朝阳花、银棉麻
【生 活 型】多年生草本
【分　　布】山东、河南、安徽、江苏、浙江、江西、福建、广东、广西、湖南、湖北、四川与贵州等地。日本、俄罗斯等地。
【生　　境】生长于海拔150~1 770 m的山区沿江河谷、溪沟旁，池塘与水田湿处。
【饲用价值】全株可饲用。
【其他用途】可药用，以全草、根入药，能活血，可治月经不调、经血过量，而且有安胎之效。

假柳叶菜

【种　　名】假柳叶菜
【科　　名】柳叶菜科
【属　　名】丁香蓼属
【学　　名】*Ludwigia epilobioides* Maxim.
【别　　名】丁香蓼、黄花水丁香

【生 活 型】一年生草本

【分　　布】黑龙江、吉林、辽宁、内蒙古、陕西、河南、山东、安徽、浙江、江西、福建、台湾、广东、海南、广西、湖南、湖北、四川、贵州、云南等地。日本、朝鲜、俄罗斯、越南等地。

【生　　境】生长于海拔800~1 600 m的湖、塘、稻田、溪边等湿润处。

【饲用价值】嫩枝叶可作饲料。

【其他用途】可药用，全草入药，能清热、止血、治痢疾。

露珠草

【种　　名】露珠草

【科　　名】柳叶菜科

【属　　名】露珠草属

【学　　名】*Circaea cordata* Royle

【别　　名】牛泷草、心叶露珠草

【生 活 型】一年生草本

【分　　布】黑龙江、吉林、辽宁、河北、山西、陕西、甘肃、山东、安徽、浙江、江西、台湾、河南、湖北、湖南、四川、贵州、云南、西藏、内蒙古等地。俄罗斯、朝鲜、日本、印度、尼泊尔、巴基斯坦等地。

【生　　境】生长于海拔3 500 m以下排水良好的落叶林，少数见于北方针叶林。

【饲用价值】茎叶可饲用。

【其他用途】可药用，能养心安神、消食、止咳、解毒、止痒，可治疗心悸、失眠、多梦、疳积、咳嗽、疮疡脓肿、湿疣、癣痒。

柳兰

【种　　名】柳兰

【科　　名】柳叶菜科

【属　　名】柳兰属

【学　　名】*Chamerion angustifolium* (L.) Holub

【别　　名】铁筷子、火烧兰、糯芋

【生 活 型】多年生丛生草本

【分　　布】黑龙江、吉林、内蒙古、河北、山西、宁夏、甘肃、青海、新疆、四川、云南、西藏等地。日本、朝鲜等地。

【生　　境】生长于海拔2 900~4 700 m的草坡、灌丛、火烧迹地、高山草甸、河滩、砾石坡。

【饲用价值】茎叶可饲用。

【其他用途】可药用，根茎可入药，能消炎止痛，治跌打损伤。

千屈菜科 Lythraceae

千屈菜

【种　　名】千屈菜

【科　　名】千屈菜科

【属　　名】千屈菜属

【学　　名】*Lythrum salicaria* L.

【别　　名】叶莲、鸡骨草、大钓鱼竿、乌鸡腿、对牙草、铁菱角、败毒草、蜈蚣草、水槟榔、水柳、马鞭草、棉包根、哮喘药、水枝柳、水芝锦、水柳

【生 活 型】多年生草本

【分　　布】全国各地。北美洲和大洋洲东部等地区。

【生　　境】生长于河岸、湖畔、溪沟边、潮湿草地、草坡、林缘湿润处。

【饲用价值】全株可饲用。

【其他用途】可药用，全草入药，可治肠炎、痢疾、便血，还可用于治外伤出血。另外，作为花卉植物，具有观赏价值，在我国华北、华东地区常栽培于水边或作盆栽以供观赏。

节节菜

【种　　名】节节菜

【科　　名】千屈菜科

【属　　名】节节菜属

【学　　名】*Rotala indica* (Willd.) Koehne

【别　　名】碌耳草、水马兰、节节草

【生 活 型】一年生草本

【分　　布】广东、广西、湖南、江西、福建、浙江、江苏、安徽、湖北、陕西、四川、贵州、云南等地。印度、斯里兰卡、印度尼西亚、菲律宾、日本等地。

【生　　境】生长于稻田中或湿地上。

【饲用价值】可饲用，用作猪饲料。

【其他用途】全草可入药，具清热解毒之功效。另外，该种是装饰玻璃容器的良好植物，常作为水族箱中的造景草使用。嫩苗可食用。

伞形科 Apiaceae

线叶水芹

【种　　名】线叶水芹
【科　　名】伞形科
【属　　名】水芹属
【学　　名】*Oenanthe linearis* Wall. ex DC.
【别　　名】细叶水芹、野芹菜、水芹菜、中华水芹、西南水芹
【生 活 型】多年生草本
【分　　布】陕西、浙江、江西、广西、四川等地。
【生　　境】生长于海拔1 350~2 800 m的山坡、山谷林下阴湿地或溪旁。
【饲用价值】全株可饲用。
【其他用途】可药用，其挥发油有兴奋中枢神经、升高血压、促进呼吸、提高心肌兴奋性、加强血液循环、疏风清热、止痛之效，可用于治疗风热感冒、咳嗽、麻疹、胃痛。幼苗可作蔬菜食用。

中华水芹

【种　　名】中华水芹
【科　　名】伞形科
【属　　名】水芹属
【学　　名】*Oenanthe sinensis* Dunn
【别　　名】油芹、水芹、水芹菜、细叶芹、野芹
【生 活 型】多年生草本
【分　　布】江苏、浙江、江西、湖南、湖北等地。
【生　　境】生长于水田、沼泽地及山坡路旁湿地。
【饲用价值】全株可饲用。
【其他用途】全株入药，有清热、解毒、润肺、利湿的功效，主治咽喉肿痛、风热咳嗽、水肿，可缓解呕吐腹泻、发热感冒、尿道感染等症状。含有蛋白质、维生素C、氨基酸等多种营养成分，其嫩茎和叶柄可食用。

短辐水芹

【种　　名】短辐水芹

【科　　名】伞形科

【属　　名】水芹属

【学　　名】*Oenanthe benghalensis* Benth. et Hook.

【别　　名】少花水芹、少花水芹菜、小花水芹

【生 活 型】多年生草本

【分　　布】四川、广东、云南等地。日本、印度等地。

【生　　境】生长于海拔500~1 500 m山坡、林下、溪边、沟旁及水旱田中。

【饲用价值】全株可饲用。

【其他用途】可药用，治感冒发热、呕吐腹泻、尿路感染、崩漏、白带异常、高血压。亦可作蔬菜食用。

学名索引

A

B

C

R

S

T

U

V

Y

种名索引

E

F

G

H

M

N

P

Q

R

S

Y

Z

莎草科 Cyperaceae

百球藨草 *Scirpus rosthornii* Diels

扁穗莎草 *Cyperus compressus* L.

短叶水蜈蚣 *Kyllinga brevifolia* Rottb.

高秆珍珠茅 *Scleria terrestris* (L.) Fassett

褐果薹草 *Carex brunnea* Thunb.

亨氏薹草 *Carex henryi* C. B. Clarke ex Franch.

浆果薹草 *Carex baccans* Nees

蕨状薹草 *Carex filicina* Nees

两歧飘拂草 *Fimbristylis dichotoma* (L.) Vahl

毛轴莎草 *Cyperus pilosus* Vahl

亲族薹草 *Carex gentilis* Franch.

穹隆薹草 *Carex gibba* Wahlenb.

三棱水葱 *Schoenoplectus triqueter* (L.) Palla

舌叶薹草 *Carex ligulata* Nees

十字薹草 *Carex cruciata* Wahlenb.

水虱草 *Fimbristylis littoralis* Gaudich.

碎米莎草 *Cyperus iria* L.

五棱秆飘拂草 *Fimbristylis quinquangularis* (Vahl) Kunth

羊胡子草 *Eriophorum scheuchzeri* Hoppe

异型莎草 *Cyperus difformis* L

萤蔺 *Schoenoplectiella juncoides* (Roxb.) Lye

砖子苗 *Cyperus cyperoides* (L.) Kuntze

菊科 Asteraceae

假福王草 *Paraprenanthes sororia* (Miq.) C. Shih

菊苣 *Cichorium intybus* L.

菊芋　*Helianthus tuberosus* L.

小蓬草 *Erigeron canadensis* L.

野茼蒿 *Crassocephalum crepidioides* (Benth.) S. Moore

薯蓣科 Dioscoreaceae

穿龙薯蓣 *Dioscorea nipponica* Makino

苋科 Amaranthaceae

凹头苋 *Amaranthus blitum* L.

老鸦谷 *Amaranthus cruentus* L.

绿穗苋 *Amaranthus hybridus* L.

皱果苋 *Amaranthus viridis* L.

千穗谷 *Amaranthus hypochondriacus* L.

尾穗苋 *Amaranthus caudatus* L.

喜旱莲子草 *Alternanthera philoxeroides* (Mart.) Griseb.

荨麻科 Urticaceae

楼梯草 *Elatostema involucratum* Franch.et Sav.

水苎麻 *Boehmeria macrophylla* Hornem.

序叶苎麻 *Boehmeria clidemioides* var. *diffusa* (Wedd.) Hand.-Mazz.

罂粟科 Papaveraceae

血水草 *Eomecon chionantha* Hance